邵晓芳　马思特 ◆ 编著

雷达原理

多面观

国防科技大学出版社

·长沙·

内容简介

本书以通俗易懂、生动有趣的方式介绍雷达原理的基本知识，希望能给读者一些新的启示。全书共四章，第一章为雷达基础，介绍雷达的探测原理，雷达与仿生学、电磁学乃至与战争之间的关系，并展示雷达的应用；第二章为组成原理，简要介绍雷达的组成及各基本组成部分的工作原理、性能指标等，并用一种全新的方式展示了雷达方程；第三章描述雷达的测量原理，以距离、角度、速度的测量为基础，并扩展到目标跟踪和目标识别；第四章介绍雷达的发展，涉及脉冲积累、脉冲压缩、脉冲多普勒技术、相控阵雷达技术、合成孔径雷达技术、雷达抗干扰技术、特殊用途雷达等。

图书在版编目（CIP）数据

雷达原理多面观/邵晓芳，马思特编著. —长沙：国防科技大学出版社，2022.10
ISBN 978 - 7 - 5673 - 0595 - 3

Ⅰ.①雷… Ⅱ.①邵… ②马… Ⅲ.①雷达 Ⅳ.①TN95

中国版本图书馆 CIP 数据核字（2022）第 007509 号

雷达原理多面观
LEIDA YUANLI DUOMIANGUAN
邵晓芳 马思特 编著

责任编辑：袁晓霞
责任校对：刘璟珺

出版发行：国防科技大学出版社	地 址：长沙市开福区德雅路 109 号
电 话：(0731) 87027729	邮政编码：410073
印 制：国防科技大学印刷厂	经 销：新华书店总店北京发行所
开 本：787×1092 1/16	印 张：16.25
字 数：346 千字	印 数：1 - 1000 册
版 次：2022 年 10 月第 1 版	印 次：2022 年 10 月第 1 次
书 号：ISBN 978 - 7 - 5673 - 0595 - 3	
定 价：48.00 元	

序

　　雷达是集现代电子科学技术先进成果于一体的复杂电子系统，在军事和民用领域具有广泛应用。雷达原理作为电子信息类专业的基础课程，相关参考书纷繁复杂。一直以来，理工科的课程参考书大都是由大量抽象概念、公式和图表组成，经常让初学者望而却步，给理解带来较大困难。

　　本书突破常规、大胆创新，基于作者多年来的教学经验和知识积累，以生动活泼的文字、漫画和思维导图，将雷达原理的基本知识以全新、有趣的方式展现在读者面前，并辅助以类比、归纳、演绎，将很多抽象或晦涩的概念由浅入深娓娓道来。本书并不追求严格的定义和深入的推导，重在建立知识框架，阐述概念内涵，在理论性与趣味性之间达到了较好的平衡，对初学者掌握雷达的基本概念和工作原理大有裨益。

　　同时，本书整理了丰富的案例与历史典故，将雷达原理的知识与工程实际、生活修养结合在一起，使得本书理实交融、文理并茂，体现了作者广博的知识与深邃的思想。更为难能可贵的是，书中蕴含了深刻的哲学思维，如发展的观点、事物之间的普遍联系，还有雷达发展过程中面临的矛盾问题及技术突破等。这些内容体现了作者多年来形成的教育理念，即寓教于乐、启发内心，在传授知识的同时，培养兴趣，培育创新思维。

　　感动于作者写作此书的初心、严谨和执着，相信本书的出版能为雷达领域的教学和科研提供一部不可多得的科普书籍，希望该领域的科研人员能从中有所获益。

王宏强

2021 年 5 月于长沙

致读者

首先诚挚感谢您的不吝赐读！

写作本书，源于 2015 年 11 月 27 日进行"雷达原理"授课时灵光一现的想法，此前我一直在读《中外教育比较史纲》，一心想为了孩子把小学、中学应学会的知识整理得有趣一些，并教会孩子如何运用。但是，那天上课在与学生互动的过程中，我突然想：自己教了十年的"雷达原理"及相关课程，在此方面有一些独特的心得体会，为什么不立足已有的工作，写一本与众不同的雷达原理方面的辅导书呢？千里之行，始于足下。与其重新探索一个新的教育领域，不如先挖掘一下十年的工作潜力吧！

虽说任教十年，但为了完成此书，我还是重新整理了所有的教案和课件，而后搜索并阅读了相关领域比较权威的著作和自己能够检索到的相关资料。本书原来的第一章在此过程中意外被扩展成了一本书——《奇妙的电磁波》，已于 2019 年出版！

希望此书能使雷达原理的基本知识变得简明有趣，既可作为雷达原理相关课程的入门参考书，也可为读者进一步钻研提供启示。更大的期望就是，本书能融入我对教育和学习的观念和理想，与生活实际、与修身益智联系在一起。

本书的写作原则：

一、注重基本概念和知识点之间的联系，以思维方法和知识框架为主；

二、对相对复杂的概念或知识点引入类比、归纳、演绎进一步说明；

三、仅保留比较经典的公式，尽量不用公式描述；

四、突出电磁波的趣味性及知识之间的联系；

五、尽我所能将相关知识的核心、在实际工作和生活中的运用以有趣的方式呈现出来。

本书的更高目的是达到"求知识"和"求智能"的平衡。"求知识"，是求之于外，对世界了解得越多，了解得越深，遇到的问题也越多、越难，这样就会越来越感到自己的无知和浅薄；"求智能"则是求之于内，对自己的内在了解得越多、越深，心智就越成熟，就会感到来自内在的智慧和力量，就不会有这么多的烦恼了。正所谓"磨刀不误砍柴工"。为此，在介绍基本知识之余，配有"导入故事""思维导图""类比－归纳－演绎"等相关内容，以便读者对相关知识进行扩展或启发读者的进一步思考。同时，为便于读者更好地把握每一部分的主要内容，每一章都配有"本章导读"和"本章小结"，每一节都先概括该节主要讨论的问题。

限于作者水平，书中错漏之处在所难免，敬请广大读者批评指正！

作者

2021 年 2 月于青岛

目　录

第4章　发展原理——现代雷达技术

第1章 雷达基础

有这样一则故事，说明基础很重要：

意大利著名的画家达·芬奇，小时候被导师教画画，一连好几堂课都是在他面前摆放鸡蛋，达·芬奇画了几张就开始烦躁不安，导师耐心地开导他说："你从不同的角度看，鸡蛋形状也有所不同。"达·芬奇听从导师的教诲，一遍遍地、反反复复地练习，打下了良好而扎实的基础，在他以后的人生中，创作出了许多不朽的作品，最终成了一代名家。

基础的工作扎实了，应用就可以千变万化；学习也是一样，先了解基础知识，对后续的进阶会大有裨益。

下面就让我们先从不同角度了解一下雷达的基础知识吧！

雷达是英文"Radar"的音译，Radar 即 Radio Detection and Ranging 的缩写，原意是"无线电探测和测距"，即用无线电方法发现目标并测定其在空间的位置。

本章导读

本章解释的主要问题有：

（1）雷达是怎么产生并发展起来的？

（2）如何简单概括雷达探测目标的基本原理？

（3）雷达的权威定义是什么？其中有哪些关键词？

（4）雷达可以应用在哪些领域呢？

（5）雷达主要应用了电磁波的哪些性质？

（6）雷达原理中有哪些常用的概念和术语呢？

1.1 从《蝙蝠和雷达》说起

本节内容的思维导图如图1.1所示。本节的重点是由雷达的仿生学渊源引出雷达的探测原理，顺带介绍一些仿生学的发明。请您感受一下，雷达的仿生学起源是不是很有趣呢？

图 1.1　1.1 节内容的思维导图

还记得小学语文教材中关于雷达的那篇文章——《蝙蝠和雷达》吗？（见人教版《语文：四年级下册》2004 年版）。

文章从"在漆黑的夜里，飞机怎么能安全飞行呢？"引出雷达的发明是"人们从蝙蝠身上得到了启示"，接着通过介绍三组试验说明蝙蝠飞行主要是靠嘴和耳朵配合起来探路的。这三组试验如表 1.1 所示。

表 1.1　蝙蝠飞行试验

实验编号	方法	结果	证明的问题
1	蒙眼睛	蝙蝠安全飞行 什么都没撞到	蝙蝠探路不是靠眼睛
2	塞耳朵	预先设置的障碍物 ——铃铛响个不停	蝙蝠探路，嘴和耳朵都需要发挥作用才行
3	封嘴巴		

这三次不同的试验证明，蝙蝠夜里飞行，靠的不是眼睛，它是用嘴和耳朵配合起来探路的。于是这篇简明扼要的小文章清晰地说明了科学家对蝙蝠夜行的研究方法、结论以及与雷达发明的关系。

从这篇文章中，我们可以分析出雷达探测的基本原理。

1.1.1　雷达探测的基本原理

雷达依据的是一个简单而古老的原理，即根据物体反射回波探测物体并确定物体距离。图 1.2 是雷达探测原理的简单示意图，即雷达辐射电磁波照射物体，物体反射回其中一部分电磁波，雷达接收之后进行分析和测量。

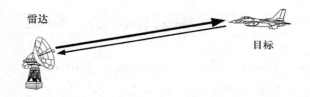

图 1.2　雷达探测原理的简单示意图

我们熟悉的事物，像树叶、树木、道路、车辆、地面、云雨等都会不同程度地反射电磁波；当然，飞机、舰船、坦克等也不例外（图1.3）。可以说，我们周围充满能够使电磁波发生散射的物体，只是（散射）程度不同而已。

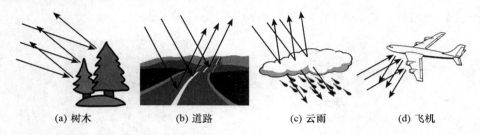

(a) 树木　　　　　(b) 道路　　　　　(c) 云雨　　　　　(d) 飞机

图1.3　常见的散射电磁波的事物

◎ 类比

请想一想，雷达"看"目标的机理除了与蝙蝠捕猎有些类似之外，和我们用眼睛看东西是否有相似之处呢？是否只是具体形式和观察方式有所不同？

我们的眼睛利用的是电磁波的可见光部分（不需要自身产生），看到的是物体散射可见光表现出的可视化特征；而雷达利用的是电磁波的微波波段（需要自身产生所需频率的电磁波），看到的是物体散射某频段的电磁波的特性。雷达探测具有探测距离远、不受能见度限制、显示图像直观、测量定位方便等特点，故有"千里眼"的美誉。

◎ 归纳

雷达探测的基本原理可以简单概括为"一发一收，细察回留"，即通过发射并接收电磁波，再察觉物体回波保留的信息来探测目标。

◎ 演绎

请想一想，除了我们的眼睛看东西和雷达探测有些类似之外，还有许多其他形式的"看"，比如我们去医院拍 X 光照片，可以检查出身体的一些病症；我们在一些公共场所过安检，是安检员通过 X 光安检仪等设备对我们进行其他角度的观察；在黑暗中，红外探测仪"看"到的是物体辐射出的热量（图1.4）……这些形式的"看"与雷达探测又有何异同呢？

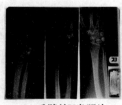　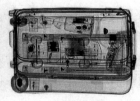　

(a) 手臂的X光照片　　　(b) X光下的旅行箱　　　(c) 一群人的红外图像

图1.4　其他形式的"看"

　　还请进一步思考，我们观察、认识这个世界并搜索心中目标获得满足的过程与雷达探测是否也有类似之处呢？我们是否对外界也在有意无意地"发射"，并接收（感受）外界的反馈来认知、觉察、判断、衡量（图1.5）？

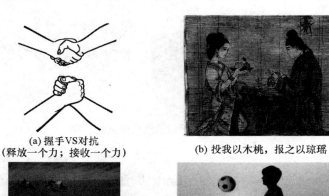

(a) 握手VS对抗
（释放一个力；接收一个力）

(b) 投我以木桃，报之以琼瑶

(c) 对不同形状的物体施加推力
感觉到不同的反作用力

(d) 视角一：与足球之间的相互作用力
　　视角二：锻炼与身心之间的作用力

图1.5　认知、感受世界过程中的互动示例

1.1.2　雷达的发展与仿生学

　　从《蝙蝠和雷达》说起的正是雷达的仿生学起源。

　　从仿生学角度讲，雷达模拟的是一种回声定位功能。回声定位本来是某些动物通过口腔或鼻腔把从喉部产生的超声波发射出去，利用折回的声音来定向的方法。在 CCTV–1《挑战不可能》节目中挑战成功的盲人陈燕，能利用回声辨别物体距离、大小甚至材质，被称为"人体声呐"，其原理与蝙蝠的回声定位相同。2013 年 6 月，瑞士洛桑联邦理工学院信号处理专家发现回声定位能使普通手机"看到"房屋的形状结构，这项最新研究发表在了当时最新出版的《美国国家科学院学报》上。

　　仿生学除了在雷达的发明过程中功不可没外，在雷达的发展过程中也发挥了重要的推动作用，如：雷达发射的线性调频信号是从鸟鸣声的规律（图1.6，频率会随时间变化）中获得启示进而发明的，而且在这一方面还在持续进行新的研究（有关线性调频信号的详细说明请参见本书第 4 章脉冲压缩部分）。

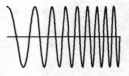

(a) 小鸟在唱歌　　　　　(b) 线性调频信号波形

图1.6　鸟鸣与线性调频

我们知道，蜻蜓的每只眼睛由许许多多个小眼组成，每个小眼都能成完整的像，这就使得蜻蜓所看到的范围要比人眼大得多。人类模仿蜻蜓等昆虫的"复眼"功能，制造出了"相控阵雷达"，可谓是为雷达的发展带来了新的契机（图1.7，有关相控阵的详细说明请参见本书第4章相控阵部分）。

(a) 昆虫复眼　　　　　(b) 美国AN/APG81天线阵面

图1.7　复眼与相控阵天线

蛙眼的视觉原理对动目标显示雷达的启发很大，由动目标显示发展而来的脉冲多普勒技术，使得雷达抗杂波干扰的能力大大提高（有关脉冲多普勒技术的详细说明请参见本书第4章脉冲多普勒技术部分）。

◎类比

仿生学对于雷达的贡献，是否从电子领域说明了"道法自然"的道理呢？向大自然学习、顺应自然规律、与自然和谐相处是不是更好的共存共荣发展之道呢？

◎归纳

雷达的发明，起源于科学家们从蝙蝠捕猎的过程得到启示；雷达的发展，也时常引入一些昆虫的智慧。雷达的产生与发展都与仿生学有着相互促进的联系。

◎演绎

人们根据蛙眼的视觉原理，已研制成功一种电子蛙眼（图1.8）。这种电子蛙眼能像真的蛙眼那样，准确无误地识别出特定形状的物体。有人设想把电子蛙眼装入雷达系统后，雷达抗干扰能力将大大提高。这种雷达系统能快速而准确地识别出特定形状的飞机、舰船和导弹等，特别是能够区别真假导弹，防止以假乱真。

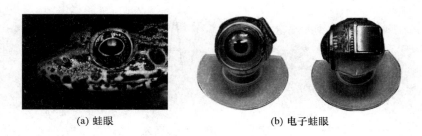

(a) 蛙眼　　　　　　　(b) 电子蛙眼

图 1.8　青蛙的仿生应用示例

想一想，仿生学是不是很有趣呢？科学家受蝙蝠启发发明的雷达还有哪些有趣的地方呢？

1.2　雷达与电磁学

如果说是蝙蝠触发了雷达发明家的灵感的话，电磁学就是雷达发明的"基石"。

本节主要从雷达的电磁学基础引出雷达的权威定义、雷达原理的两个重要概念——目标的雷达截面积和相参，以及雷达中应用的电磁波知识。本节内容的思维导图如图1.9所示。

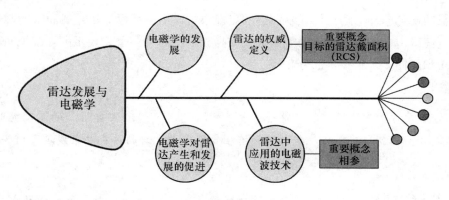

图 1.9　1.2 节内容的思维导图

电磁学的发展，有三个里程碑式的人物——法拉第、麦克斯韦和赫兹，他们的故事耐人寻味，更多精彩内容可参见《奇妙的电磁波》一书。

1.2.1　雷达的发展与电磁学

继赫兹发现并证明电磁波之后，1903—1904 年，克里斯琴·赫尔斯迈耶研制出原始的船用防撞雷达并获得专利。

1922 年，马可尼最早比较完整地描述雷达概念："电磁波是能够为导体所反射的，可以在船舶上设置一种装置，向任何需要的方向发射电磁波，若碰到金属物体，就会反射到发射电磁波的船上，由一个与发射机相隔离的接收机接收，以此表明另一船舶是存在的，并进而可以确定其具体位置。"

1935 年，英国人和德国人第一次验证了对飞机目标的短脉冲测距。

1937 年，罗伯特·沃森·瓦特设计的第一部可使用的雷达在英国建成。

20 世纪 70 年代，苏联有人研制成功毫米波回旋管，解决了毫米波的功率问题，促进微波技术进入一个新的发展时期。

在第二次世界大战末期，由于微波磁控管的研制成功和微波技术在雷达中的应用，使雷达技术飞速发展。

那么雷达是谁发明的呢？在芬克的雷达机械中说：雷达的发明，不能专归于某一位科学家，乃是许多无线电学工程师努力研究，加以调准而成。据统计，第二次世界大战时美国麻省理工学院有 500 多位科学家和工程师曾致力于雷达的研究。

可以说，电磁学的产生和发展使得雷达的发明和发展具备了现实可能性，电磁技术的进步和雷达设备的改进是相互促进的。

1.2.2　雷达的定义

雷达是怎样一种设备？国际电气与电子协会（IEEE）给"雷达"的定义是：雷达是对目标进行探测与定位的电磁设备。

2015 年的《雷达手册》中关于"雷达"的定义：雷达是一种电磁传感器，用来探测和定位反射性物体。

我们还可以给"雷达"一个更全面的描述：由于电磁波是能够为一些具有电磁感知性的物体所反射的，所以雷达是这样一种应用电磁波的装置——它可以向任何需要的方向辐射电磁波，若碰到具有电磁感知性的物体，它发出的电磁波就会有一部分被反射回来，被相应的接收设备接收，通过接收到的电磁波信号就可以对目标有无进行判断并定位。

在上述定义和说明中，涉及对一些概念的理解，如目标、电磁敏感性等，下面一一解释。

1.2.2.1　目标

我们感兴趣的是"目标"，不感兴趣的是"杂波""干扰"。想看飞机，飞机就是目标；想看舰船，舰船就是目标；想看导弹，导弹就是目标；想看天气，云、雨、空气、湍流等就是目标……目标会根据需求发生变化。比如：看天气时，云、雨等就是目标；但是看飞机时，云、雨就变成了杂波。雷达的目标还可能是人、鸟、昆虫、电离的媒质、地表特征、海洋、冰层、冰山、浮标、地下特征、极光、宇宙飞船、行星……

◎类比

目标的含义是否也适用于我们的生活呢?

对我们每个人来说,人脑自带一种选择性注意机制,被"选择"上引起"注意"的往往就成为目标,其余都会被当成背景或杂波来对待,这种机制虽然可以使我们得以专注于某件事情,也会使我们忽略很多同时存在的信息。因此,我们要清楚这一点,利用这一机制使我们在开发自身潜能时能臻于"入神者无敌"的佳境,同时警惕这种机制可能会导致偏见、偏听、偏信,故而需要不时反省、反观、反思。

◎归纳

雷达是对目标进行探测与定位的电磁设备。目标就是雷达要探测的事物,比如云雨、飞机、地质结构等。

◎演绎

在《伯凡·日知录》中,吴伯凡先生在讲框架理论的过程中提到了"意识雷达"的概念。我们每个人的意识也像雷达一样,有自己的目标,如果一个人给自己设定的目标是寻找自己强大的证据,那么他就会发现越来越多的事实证明自己的强大;如果一个人总是觉得自己不幸,那他也会不断地在生活中寻找自己不幸的证据,甚至主动把某些想象中的不幸变成现实。为什么说"仁者见仁,智者见智"呢?想来一个人想在生活中寻找什么,他就能找到什么,就像雷达有选择性地搜索目标一样。

1.2.2.2 电磁感知性

电磁感知性指物体可以以某种方式反射并调制电磁波(即成为信息),从而能被雷达所感知。例如:形状、表面粗糙度、介电特性等。

◎类比

电磁感知性是否和我们每个人都具有的敏感性有类似之处——既可以使我们对外界刺激做出反应,又会使我们受到一定的影响?对于蝙蝠捕猎而言,是否涉及了物体对超声波的敏感性?

◎归纳

电磁感知性可以理解为事物对电磁波的反射特性,可视化的例子可联想生活中一些常见物体对可见光的反射情况(可见光也是电磁波)。

◎演绎

电磁感知性是否既是雷达探测目标所利用的一种物理属性，也是大多数客观物体所具有的物理属性？非目标物体的电磁感知性是否会对雷达探测造成一些干扰，使雷达接收到不想要的回波？

1.2.2.3 目标的雷达截面积

为描述雷达辐射的电磁波在空间传播过程中遇到目标时，目标对电磁波的反射特性（电磁敏感性），雷达研究者们发明了一个重要的概念——雷达截面积（图1.10），用它来描述目标的反射特性。

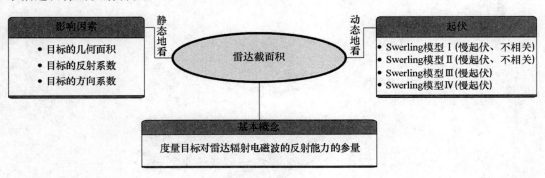

图1.10 RCS的思维导图

目标的雷达截面积（英文简记为RCS，通常用σ表示）是度量目标对雷达辐射电磁波的反射能力的参量。σ被定义为：在远场条件（平面波照射）下，目标处每单位入射功率密度在接收机处每单位立体角内产生的反射功率乘以4π，即：

$$\sigma = 4\pi \cdot \frac{返回接收机每单位立体角内的回波功率}{入射功率密度}$$

目标的雷达截面积σ主要与目标的几何面积、反射系数、方向系数三个因素有关。

（1）目标的几何面积

目标的几何面积由目标的形状和表面积决定。通常目标的几何面积越大，反射电磁波的能力越强，反射回的电磁波能量越大。

比较图1.11和图1.12，可以看出，相似条件下，舰船的雷达截面积比飞机的雷达截面积大得多，这主要是舰船的几何面积大的缘故。

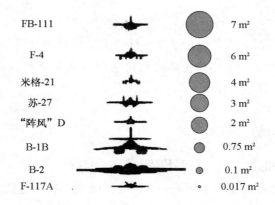

图 1.11　典型飞机目标的雷达截面积 σ（微波波段）

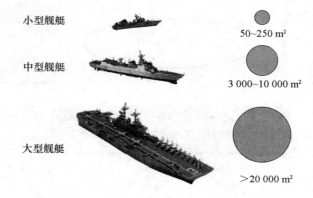

图 1.12　典型舰船目标的雷达截面积 σ（微波波段）

（2）目标的反射系数

目标的反射系数与其材料、大小、雷达辐射电磁波的频率、极化特性以及目标起伏特性等均有关系。下面举例说明材料、大小、雷达辐射电磁波的频率、极化特性对反射系数的影响，目标起伏特性在后面的"演绎"部分说明。

①材料：金属的反射系数大，海绵的反射系数小；同样材质的目标，是否开缝，其散射特性也会有所变化，如图 1.13 所示。

②大小：不同"电尺寸"的目标，其单位面积的雷达截面积也不同，其关系如图 1.14 所示。

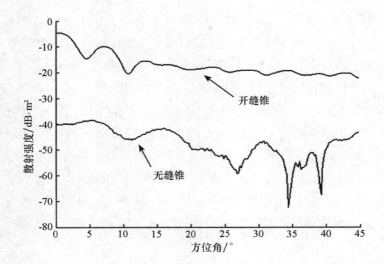

图 1.13　开缝锥和无缝锥的散射强度变化曲线（电磁波从不同角度入射）

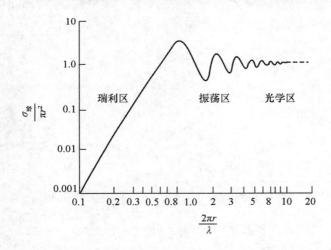

图 1.14　目标的"电尺寸"与单位面积的雷达截面积之间的关系

图 1.14 中，横轴表示的比例 $\dfrac{2\pi r}{\lambda}$ 为目标的"电尺寸"，其中 r 与目标几何光学确定的截面积近似（目标表面光滑的凸形导电目标），当目标含有棱边、拐角、凹腔时再用光学截面积的概念是不适当的；纵轴表示的比例 $\dfrac{\sigma_{\text{球}}}{\pi r^2}$ 表示几何截面积为 r 的目标单位面积的 σ。"电尺寸"大于 20 的即为光学区；"电尺寸"小于 0.5 的为瑞利区；"电尺寸"处于两者之间为振荡区。处于瑞利区的目标，σ 随"电尺寸"的增加而近似线性增长 $\sigma \propto r^6$，$\sigma \propto \dfrac{1}{\lambda^4}$；处于光学区的目标，球体前部的镜面反射起主要作用；振荡区主要由各散射分量之间的干涉特征形成，σ 随频率变化产生振荡性起伏。

③频率：电磁计算和实验室测试表明，美国隐身战斗机 F－117A 在微波波段，其 RCS 只有 0.01 m^2，相当于一只小麻雀大小。而对于工作频率为 35～70 MHz（波长 4.3～8.6 m）的谐振型雷达而言，其 RCS 达到 10～20 m^2，提高了 1 000～2 000 倍！

④极化：对极化的理解可以用 MIT 沃尔特·略文教授在"电与磁"课堂上的实验进一步加深。如图 1.15（a）所示，相距 1 m 的地方放置两个一模一样的长方形口喇叭天线，当天线 A 向外辐射线极化波时，如果两喇叭口的取向一致地对正，在天线 B 后面所连接的接收装置中就能接收到天线 A 的辐射信号（证明所接收信号是 A 发出的很容易，比如用双手或金属板挡在 A、B 之间，如果信号消失就说明接收信号是 A 发出的）；此时如果将天线 B 或 A 旋转 90°，会发现信号消失，如果用专业术语来说，叫"极化失配"，也就是说两天线极化特性不匹配，无法互相理解，就好像另一端说"对不起，我听不到"。

图 1.15（b）显示的是一个连通在两根铜导线之间的灯泡，如果将这根导线放置在线极化波辐射范围内且导线取向与线极化波的电场矢量取向一致，灯泡就会亮起来。如果将其取向调整为与线极化波的电场矢量取向垂直，灯泡就不会亮。

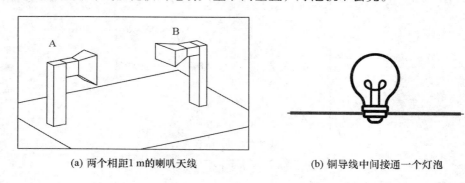

(a) 两个相距1 m的喇叭天线　　　　　　　　　　(b) 铜导线中间接通一个灯泡

图 1.15　线极化波接收的一个小实验

（3）方向系数

在光学区时，一些简单形状目标（良导体）的雷达截面积可应用几何光学的方式进行计算；视角不同时，雷达截面积变化可能很大，主要由入射波的入射方向决定。

例如，对于导弹来讲，当电磁波从不同角度入射时，同一导弹的雷达截面积变化曲线如图 1.16 所示。其中，图 1.16（a）为某导弹头的实物图；图（c）为图（b）所示类型的导弹头在不同方向上的雷达截面积变化曲线，圆心处的雷达截面积大小为 0，同心圆的半径越大，说明雷达截面积越大。

图 1.17 显示了雷达俯角为 10°时某坦克 RCS 随方位角变化数据。

相对而言，角反射器是个特例，它对于一定角度范围内入射的电磁波来说，能保持基本不变的 σ。如图 1.18 所示，角反射器一般用于假目标伪装，吸引敌雷达的注意。

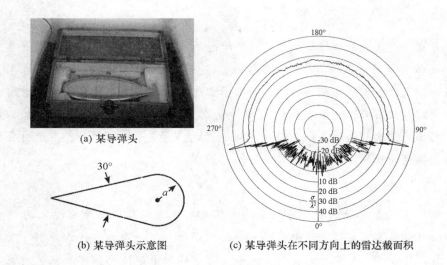

(a) 某导弹头

(b) 某导弹头示意图　　　(c) 某导弹头在不同方向上的雷达截面积

图 1.16　导弹头从不同方向入射的雷达截面积

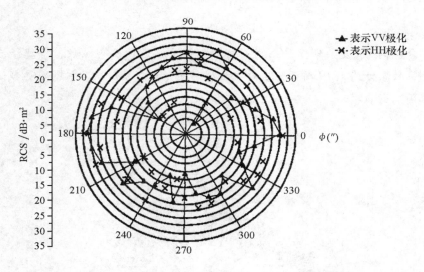

图 1.17　雷达俯角 10° 时某坦克 RCS 随方位角变化数据

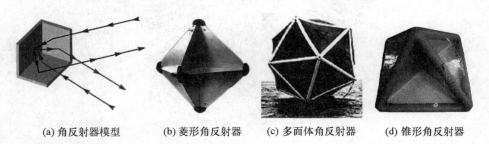

(a) 角反射器模型　　(b) 菱形角反射器　　(c) 多面体角反射器　　(d) 锥形角反射器

图 1.18　角反射器模型及示例

◎ 类比

目标的雷达截面积将目标对雷达所辐射的电磁波的反射特性抽象成一个可量化的"面积"量，这有些类似于太阳能灶，显然，面积越大的太阳能灶，在单位时间内将太阳光反射汇聚的能力越强，类似于雷达遇到的反射电磁波较强的目标。日常生活中，我们用面积大小不同的反光镜反射太阳光时也会有类似的效果。相对而言，目标的雷达截面积是一个很难具体测量的"量"，所以它一直用于对目标反射电磁波强度的估算。

◎ 归纳

目标的雷达截面积将目标对雷达波的反射能力抽象成一个可量化的"面积"，对静止目标而言，它与三方面有关——几何面积、反射系数、方向系数。其中，反射系数比较复杂，与目标的材料、大小、雷达辐射电磁波的频率、极化特性以及目标起伏特性等均有关系。

◎ 演绎

综合举例 1：复杂目标 RCS 是目标几何面积、表面反射系数、角度等诸多因素的复杂函数。如图 1.19 所示，当电磁波从不同角度入射时，飞机的雷达截面积变化曲线振荡很剧烈。

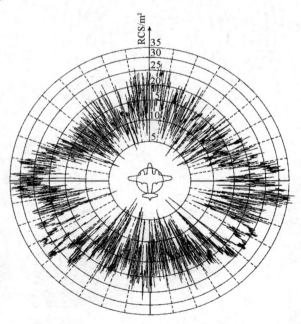

图 1.19　飞机不同角度的雷达截面积变化曲线

综合举例 2：大尺寸的复杂反射体可近似分解为许多独立的散射体（散射中心），

每个独立散射体尺寸仍处于光学区，其 RCS 是各散射中心共同作用的结果。如图 1.20 所示，其中，图 1.20（a）为 KC-135 的空对空雷达成像，拍摄的是 707 飞机在 VHF 频段的主要散射中心，为对比方便，标示了飞机轮廓，分辨率大约 121.92 cm。图 1.20（b）是 B-52 停机时的 X 波段合成孔径雷达成像，分辨率大约是 30.48 cm，为对比方便，同样标示了飞机轮廓。

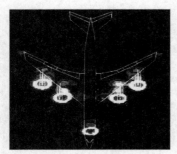 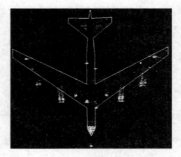

(a) 707飞机在VHF频段的主要散射中心
的雷达图像
(b) B-52停机时的X波段合成孔径雷达成像

图 1.20　飞机的雷达成像示例

目标的几何面积、反射系数和方向系数是对电磁波辐射到目标上某一部位的瞬间，静态观察目标的雷达截面积大小的影响因素。实际应用中，雷达测量的目标反射的电磁波强度都是动态变化的，即目标的雷达截面积是动态变化的，这被称为 RCS 起伏。

什么是 RCS 起伏？当观察方向变化时，在接收机端收到的各单元散射体信号之间的相位也在变化，故合成矢量信号的振幅也在变化，形成了 RCS 起伏。如图 1.21 所示，某喷气式战斗机向雷达飞行时，被雷达"观察"到的截面积是起伏变化的。此外，实际雷达观测过程中，被观测目标通常都是处于运动状态中，目标相对于雷达的视角（姿态角）不断变化，导致雷达观测到的目标 RCS 也是起伏变化的。

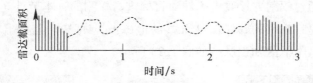

图 1.21　某喷气式战斗机向雷达飞行时的记录

目标 RCS 的起伏周期与电磁波波长、目标类型、观测条件等多种因素有关。为正确描述实际目标 RCS 起伏规律，要已知其概率密度函数和相关函数。雷达专家们为对不同的目标加以区分，针对机扫雷达建立了 Swerling 模型，共有四类。

第一类：多个均匀独立散射体组合的目标，且目标回波在任意一次天线波束扫描期间是完全相关的，但本次和下一次扫描不相关（慢起伏），如前向观察的小型喷气式飞机（图 1.22（a））。

第二类：多个均匀独立散射体组合的目标，且任意一次扫描脉冲均不相关（快起伏），如大型民用客机（图1.22（b））。

第三类：一个占支配地位的大散射体与其他均匀独立散射体组合的目标，慢起伏，如螺旋桨推进飞机、直升机等（图1.22（c））。

第四类：一个占支配地位的大散射体与其他均匀独立散射体组合的目标，快起伏，如舰船、卫星、侧向观察的导弹与高速飞行体（图1.22（d））。

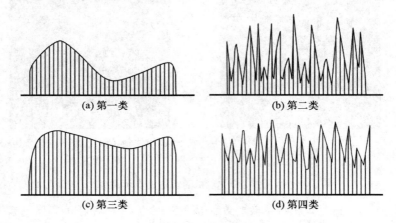

(a) 第一类　　　　　　　　　(b) 第二类

(c) 第三类　　　　　　　　　(d) 第四类

图1.22　Swerling模型四个类型的起伏规律示意图

目标RCS起伏对雷达检测性能的影响：当发现概率较大时，四种起伏目标比不起伏目标需要更大的信噪比（起伏损失）；第二、四类快起伏目标检测性能接近于不起伏目标。Swerling模型是几种较极端的情况，通常实际模型介于两种情况之间。由于RCS起伏，散射截面积一般可取"中值""平均值""最小值"。

1.2.3　雷达与电磁波

鉴于雷达是通过辐射并接收电磁波对目标进行探测的，本节补充一些有关电磁波的基础知识，主要是在本书的姊妹篇《奇妙的电磁波》的基础上指出电磁波的奇妙特性在雷达中的应用。本节的知识脉络如图1.23所示。

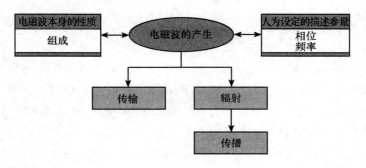

图1.23　1.2.3节内容的思维导图

拓展阅读：电磁波不仅仅是雷达探测目标的"中介"，更承载着宇宙万物之间较为广泛的联系，有着很多奇妙的性质和应用，给我们的学习和生活以启示。感兴趣的读者可参考本书姊妹篇《奇妙的电磁波》。

1.2.3.1 产生

变化的电场会产生磁场，变化的磁场会产生电场，在电磁场交变的旋律中，电磁波就产生了。

在雷达系统中，电磁波的产生原理主要应用于雷达发射机。发射机产生雷达所需的电磁波信号，主要采用的方式有谐振腔式和晶振式。

为描述发射机产生信号的特性，这里有一个重要的概念——相参。通俗地讲，相参指每个脉冲信号的起始相位（起始振荡位置）是相同的，或者说每个脉冲信号都是一样的。如果雷达发射机产生的信号是相参的，一般而言，雷达整机的各路信号都是同步的。脉冲相关参数如图 1.24 所示。

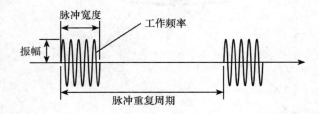

图 1.24　脉冲相关参数示意图

如果雷达发射机产生电磁波的方式是晶振式的，因为晶振的振荡频率和幅度都比较稳定，因此在进行脉冲调制时，只要控制脉冲宽度和脉冲周期一定，就可以保证信号是相参的，如图 1.25 所示。

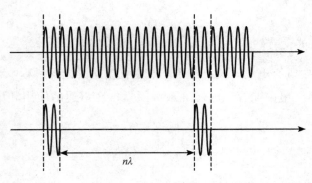

图 1.25　晶振式示意图

现代雷达一般都要求发射机产生的信号是相参的。

◎ 类比

　　相参信号有点类似于自动化生产线上的一个个标准化产品，在生产设备稳定工作的前提下，保持着高度的相似性和一致性；相参信号还类似于军队整齐划一的队列动作，有一种协调一致的美感。

◎ 归纳

　　雷达脉冲信号的相参可以简单理解为各脉冲信号内部电磁振荡的"步调一致"。对于一个组织而言，协调一致才能发挥出集体的优势和潜力；对于雷达内部或雷达之间的合作来说，协调一致使得雷达的探测性能更为卓越。

◎ 演绎

　　相参的概念还可以进一步扩展，即两部雷达信号的相参，如图 1.26 所示。

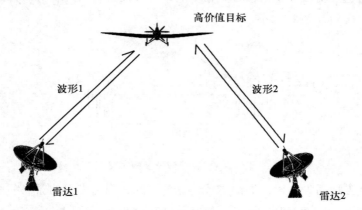

图 1.26　两部雷达信号的相参（即波形 1 和波形 2 是相参的）示意图

1.2.3.2　组成

电磁波的组成中既有电场，又有磁场。于是在雷达的设计过程中，需要考虑电磁辐射/接收、电磁测量、电磁兼容、电磁屏蔽等因素；在雷达的使用和维护过程中，需要考虑电磁防护。

1.2.3.3　频率

雷达中应用的频段被称为微波，包括分米波、厘米波、毫米波和亚毫米波，频率范围是 300 MHz ~ 3 000 GHz（对应波长为 1 m ~ 0.1 mm），可无障碍穿越大气的电离层。

　　有趣的是，从雷达发明之日起，雷达的频段划分一直与"3"相关联，这是为什么呢？也许你已经想到了，这就是因为雷达所采用的微波波段频率极高，与光波性质近似，而光速是 3×10^8 m/s，所以雷达的频段划分一直沿用与"3"相关的量级，简化波长的计算，便于对频率和波长分类研究（图 1.27）。

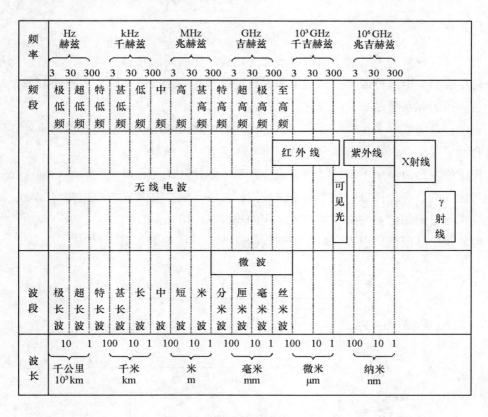

图 1.27　电磁波的频段划分

频率特性在雷达中的应用主要体现在工作频率的选择需要考虑以下一些因素：

（1）物理尺寸——频率越高，设备体积越小，与频率成反比；

（2）发射功率——频率越高，发射功率越小，与频率成反比；

（3）波束宽度——频率越高，波束宽度越窄，与频率成反比；

（4）传输损耗——在传输线中，频率越高，传输时的衰减越小；

（5）目标特性——不同类型的目标对不同频率的电磁波的反射特性是不同的，美国隐身战斗机 F-117A 在不同波段，RCS 可以相差 1 000～2 000 倍；

（6）环境因素——探测目标主要是空中目标、海面目标、水下目标还是陆地目标，不同频率的电磁波在不同环境中的表现也是不一样的，比如：大气衰减在 0.1 GHz 以下可忽略，而在 10 GHz 以上很严重；环境噪声随频率升高而减小，3 GHz 时雨滴等的散射很厉害（1 GHz = 1×10^9 Hz，即 10 亿 Hz）；

（7）多普勒频移——与频率成正比；

（8）在地面上应用，一般选择 UHF、VHF、L、S、C 频段；在舰船上一般选择 S、

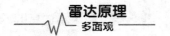

X 频段，在飞机上，一般选择 UHF、S、X、Ku 等频段，波长为 3 cm 的电磁波大气衰减较低、角分辨率较好，使用广泛，技术成熟。

1.2.3.4　相位

相位可以理解为不同频率的电磁波在变化过程中的瞬间状态。本书将在雷达测量原理中总结说明。电磁波的频率和相位两大特征是雷达功能展开和技术实现的灵魂，对这两个量的控制和测量是相关问题的本质和核心。

相位信息到底有多重要？看看雷达中常用的电路模块——相位检波器的原理和用途就可有所感受了。再想想前面介绍的相参，体会就会更深刻一点。

相位检波器由两个单端检波器组成。每个单端检波器与普通检波器的差别仅在于检波器的输入端是两个信号，根据两个信号间相位的不同，其合成电压振幅将改变，这样就把输入信号间相位差的变化转变为不同的检波输出电压。

检波输出电压整体表现为幅度受调制的脉冲串（图 1.28，蝶形效应）。

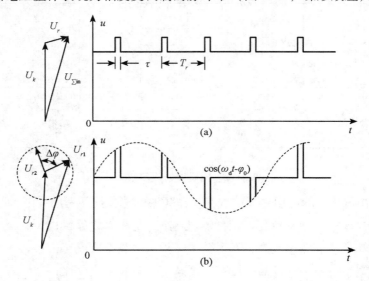

图 1.28　相位检波器输出的脉冲串

相位检波器输出端能得到与相位差成比例的响应，其输出特性曲线如图 1.29 所示，实际应用中一般只用到 $\left[-\dfrac{\pi}{2}, \dfrac{\pi}{2}\right]$ 的一段。

相位检波器在雷达中的应用：

（1）多普勒信息提取

输入：回波信号和频率基准信号。

输出：与相位差相关的电压信号。

注解：当回波信号的频率发生变化时，它与雷达的频率基准信号会因频率不一致而

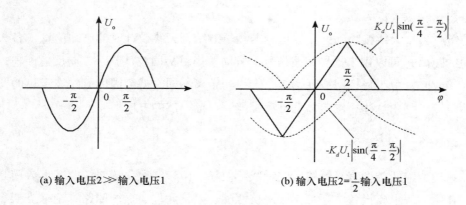

(a) 输入电压2≫输入电压1　　　　(b) 输入电压2=$\frac{1}{2}$输入电压1

图 1.29　相位检波器输出特性

产生相应时刻相位的差异，于是可以通过相位差来测量频率差。

（2）自动角跟踪中，控制信号的生成

输入：中频差信号、中频和信号。

输出：直流电平控制信号。

注解：这里生成的控制信号用来控制天线辐射波束的角度调整，以便使天线波束指向随目标方位的变化而调整。输入的是雷达天线接收到的两个辐射波束的回波信号的差信号、和信号，其中和信号的相位作为相位基准，差信号的相位与目标偏离两波束中轴的角度相关。

（3）雷达接收机的检波阶段

输入：中频信号及其90°移相信号。

输出：相位差信号。

注解：这是接收机检波过程中采用 IQ 检波或者正交鉴相时采用的方法，这种方法将信号兵分两路，一路作为信号基准，另一路移相90°，最后用两者的幅度平方和作为输出信号的幅度，相当于用信号叠加的方式放大了信号。另外，两者的相位差可计算输出信号的正切值，又可有效克服盲相（盲相的概念请参见本书第3章的说明）。

（4）锁相环

输入：产生信号和频率基准信号。

输出：相位差信号。

注解：采用锁相技术可以构成频率固定的稳定本振，但主要还是用来构成可调谐的稳定本振。如果产生信号与基准频率信号（参考信号）频率是一致的，则两者相位差为0，否则就会产生一个相位差，这个相位差会作为一个负反馈信号用来控制产生信号的频率以保持稳定。

（5）相位法测角

输入：多个天线所接收回波信号。

输出：相位差信号。

注解：多个天线接收到的回波信号的相位差结合天线设计时的已知信息（各天线阵元之间的距离）可以用来推导回波信号的方向。当目标回波从某一方向反射回来，被多个天线接收时，由于目标回波到达多个天线的距离不同，就会因为电磁波走过的路程差产生相位差，利用这些相位差信息可反推解算目标回波的方向。

1.2.3.5 传输

常见的传输线类型有平行线、同轴线、波导、微带线等，传输线的基本应用是用于连接，在雷达等电磁设备中还可用于阻抗匹配、电抗元件、振荡回路、绝缘支架、滤波器、收发开关、延迟线、转动铰链等。

此外，在雷达等电磁设备的应用中，同样需要考虑传输线的激励、耦合与匹配等传输线涉及的问题。

1.2.3.6 辐射

电磁波辐射的相关规律主要应用在雷达天线的设计和使用过程中，例如：在天线设计过程中，需要根据雷达具体辐射的需要选择具有相应辐射特性的天线以及根据雷达工作频段确定天线的合理尺寸等；在雷达使用过程中，需要考虑天线辐射的因素，进行近场或远场测量以及做好电磁防护等。

电磁波的辐射还会形成其极化特性，极化在雷达中的应用更为广泛。

（1）目前，雷达中应用的极化波均为平面极化波。

（2）天线的设计和制作，需考虑辐射和接收电磁波的极化特性，使得辐射和接收的效果最佳；发射和接收电磁波的天线都可具有确定的极化性质，可根据其用作发射天线时在最强辐射方向上的电磁波极化而命名。通常为了在收发天线之间实现最大的功率传输，应采用极化性质相同的发射天线和接收天线，这种配置条件称为极化匹配。

（3）有时为了避免对某种极化波的感应，采用极化性质与之正交的天线，如垂直极化天线与水平极化波正交，右旋圆极化天线与左旋圆极化波正交，这种配置条件称为极化隔离。

（4）有些雷达还有变极化功能，这一功能与极化隔离都能起到提高发射接收效率和抗干扰的功能。在雷达抗干扰方面，采用变极化等措施是提高雷达抗干扰性能的有效途径。

（5）两种互相正交的极化波之间所存在的潜在隔离性质，可应用于各种双极化体制。例如，用单个具有双极化功能的天线实现双信道传输或收发双工，用两个分立的正交极化的天线实现极化分集接收或立体式观测（如立体电影）等。

（6）在遥感、雷达目标识别等信息检测系统中，散射波的极化性质还能提供幅度以及相位信息之外的附加信息。

（7）不同极化波的传输效果是不同的，例如：在移动通信系统中，一般均采用垂直极化的传播方式，雷达、导航、制导、通信和电视广播则广泛采用圆极化波。

1.2.3.7　传播

在雷达中，波面、波线的概念及惠更斯原理主要应用在电磁波空间合成的设计方面。电磁波的叠加原理应用在雷达阵列天线在空间的波束合成过程中，在相控阵雷达中的体现更为充分，具体波束合成过程将在本书第 4 章中展开介绍。

波的叠加原理在雷达的环形器、和差比较器中也有应用，最简单的环形器和和差比较器都是由波导等传输线构成。环形器将在本书第 2.7 节介绍，和差比较器在本书第 3.3.3 小节介绍。

波的形状分类主要应用体现在对目标回波的聚焦和非聚焦处理（详见第 4 章合成孔径雷达部分）上。聚焦处理实质上是将雷达天线向外辐射的波作为球面波来对待，而非聚焦处理则用平面波来近似。

半波损失主要应用在移相器和衰减器中，实质上是利用电磁波在不同介质中的传输特性来改变电磁波的相位或幅度。

多径效应在雷达应用中可能形成双重干扰：一方面，雷达对外辐射的电磁波在传播的过程中，可能会遇到多个障碍物的反射，而这些反射波有可能被同一目标反射回来；另一方面，同一目标反射回波在传播的过程中，也可能会遇到多个障碍物的反射，而这些反射波有可能被雷达所接收。因而，多径效应形成的多径干扰是雷达必须面临的干扰之一。

多普勒效应在光谱测量和光谱学、天文学、宇宙学等领域均有应用，雷达中主要应用多普勒效应来测反射回波的频率变化量，计算目标的相对速度，进而根据相对速度进行动目标识别或精确制导等。具有这种功能的雷达被称为多普勒雷达。

不同的雷达设备会选择不同的传播方式，比如：天波超视距雷达会工作在短波频段，主要靠电离层的反射来探测地平线以下的目标；机载火控雷达一般会工作在超短频段，主要对空中目标进行探测。因此，传播也会影响电磁波频率的选择。

1.3　雷达发展与战争

如果说雷达的发明是仿生学和电磁学结合的产物，那么雷达的发展就是战争的推动和促进了。战争不是一个孤立的社会现象，它的出现对人类的各个方面都有不可忽视的影响。

本节主要通过两部分展示战争对雷达的影响，第一部分是简介战争对现代科技的促进，概述雷达对战争的影响；第二部分选取了一些战争中与雷达相关的故事来说明雷达发展与战争的关系（图 1.30）。

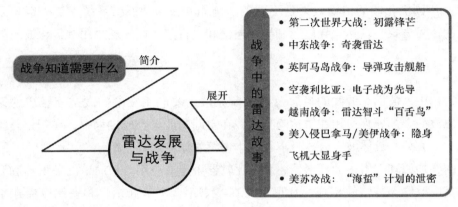

图 1.30　1.3 节的思维导图

1.3.1　战争知道需要什么

在古代，战争促进了弓箭和战车的发展。随着火炮的出现，弹道学应运而生，为了精密计算弹道，人类投入了大量的人力物力，可以说，这些对于现代力学和计算机科学也产生了巨大的推动作用。战争中还发明了一些我们现在日常生活中常见的东西，比如茶包、拉链、卷烟等。

在近代，战争更需要优良装备和仪器，而且效用越来越明显。这些新型的装备和仪器的出现，扩展了战争对科学的影响，为科学开拓了一个又一个新领域（图 1.31）。

图 1.31　战争中的发明举例

雷达的出现也不例外，由于这种"秘密武器"能有效地发现目标，提供准确方位，因而能有效地消灭敌方，保护己方。举例来说：为击落一架飞机，1916 年平均需要11 000 发炮弹才能做到，而 1918 年改进后需要 3 000 发，但在雷达出现后，这个数字骤减为 365 发（1945 年统计）。

鉴于雷达具有如此大的作战效能，交战双方都投入大量的人力物力来研究。第二次世界大战后，所有的物理学分支中以应用微波电子技术最为兴盛，并出现了全新的射电天文学。雷达也被评为改变战争的十大发明之一。

1.3.2 第二次世界大战：雷达初露锋芒

19 世纪 30 年代，许多国家开展了脉冲雷达研究。在此阶段，第二次世界大战使雷达获得很大发展和广泛应用。

1938 年，英国开始用沃森·瓦特设计的雷达组建世界上最早的防空雷达警网。1939 年 9 月，第二次世界大战爆发时，英国已在东海岸建立起了一个由 20 个地面雷达站组成的"本土链"雷达网，这是一个由侦察警戒雷达、地面引导雷达、飞机截击雷达、高炮控制雷达和探照灯雷达等 20 多个地面雷达站组成的雷达网。这一雷达网使得英国在空战中都能够预先发现德国敌机，多次创造了以少胜多的奇迹。比较典型的战例是 1940 年夏天的大不列颠空战：德国空军为摧毁英国的战争机器，破坏英国对欧洲战场的支援能力，对英国本土进行大规模空袭；英国人使用三级管制作的超短波雷达，对付德国战机取得骄人战绩，以约 900 架战斗机抵挡住了德国 2 600 余架飞机的进攻，有效地遏制了德国空军的空袭，使德军企图通过空袭轰炸迫使英国屈服的梦想完全落空。可以说，当时英军如果没有雷达，就不可能取得不列颠空战的胜利，雷达成就了战争史上一次以少胜多的神话。

美国人从中看到了机遇，开始把雷达大量应用于军事。由于对付德国的潜艇有困难，美国开始研制波长更短的微波雷达，正是在这一背景下，人们发明了磁控管和大功率速调管放大器，使雷达进一步发展。

1939 年 10 月至 1945 年 5 月，德国为争夺大西洋的制海权与英美进行的战争史上时间最长、最复杂的持久海战——大西洋之战中，盟军雷达使德军举步维艰。

1941 年 5 月 30 日，德空降部队占领克里特岛，克里特岛战役是历史上首次的大规模空降作战，这一战役促进了针对雷达的军事伪装的发展，从反方面刺激了雷达性能的提升。同年，日本偷袭珍珠港。为对付日本的低空突防以及鱼雷，向外延伸航空母舰的防空探测能力，美国将当时比较先进的 AN/APS – 20 型雷达加装到 TBF – 3W 飞机上，即在较大型的舰载螺旋桨攻击机上装置雷达使其成为预警机，世界上第一部机载预警雷达产生，随后蓬勃发展起来。

1944 年 6 月 6 日，英美军队在诺曼底登陆，开辟欧洲第二战场。英美联军为了实现诺曼底登陆，首先用炸弹和火箭弹摧毁了德海岸 80% 以上雷达和所有的电子干扰站，并且在加莱地区释放强电子干扰、布置雷达伪装，让德军误以为发现大批军舰和飞机而误判战局，兵败如山倒。据统计，英军在第二次世界大战中曾在德汉堡地区释放了 20

万吨箔条片，使德国空军雷达成为"睁眼瞎"，射击效果降低75%。美国军事当局认为，在第二次世界大战中由于无线电干扰保存了约450架轰炸机，使至少4 500名空勤人员幸免于难。这就是第二次世界大战中上演的"雷达受骗记"。

第二次世界大战促使雷达得到了迅猛的发展。总体来说，这一阶段的雷达还是采用普通脉冲体制。此外，基于战争需要，航空技术在第二次世界大战时期得到了迅速发展，航空雷达技术也开始起步和发展。

1.3.3 中东战争：奇袭雷达

第五次中东战争中，雷达仍是活跃在战争舞台的主角之一，自然也是敌人攻击的主要目标。

1982年，第五次中东战争中，以色列人利用无人机诱骗叙利亚侦察雷达开机发射萨姆-6导弹，获得了敌方无线电频率的以色列战斗机"顺藤摸瓜"，仅仅用6 min，就将贝卡谷地的叙利亚萨姆导弹基地变成废墟。

以色列的美制E-C空中预警机，代号"鹰眼"，在黎巴嫩西海岸上空9 000 m高度时刻监视叙利亚飞机活动，并及时将信息传给作战飞机，使以色列在本次战争中完全掌握了主动权。1982年6月9日，以色列与叙利亚在贝卡谷地展开了一场"中东历史上规模最大的空战"。当天，以色列首先派出两架E-2C"鹰眼"预警机飞到黎巴嫩西海岸上空，在9 000 m高空死死盯住叙利亚的导弹阵地和空军基地的动静。叙利亚的飞机一起飞，就进入"鹰眼"的"视线"。"鹰眼"从容不迫地将叙利亚飞机的型号、速度、高度、航向等数据，源源不断地通报给早已等候在空中的F-15和F-16战斗机，并向其提供最佳的截击方案。F-15和F-16接令后，立即"拍马出阵"。相反，叙利亚的飞机因没有预警机提供信息，一战下来，叙利亚损兵折将，连续被击落81架飞机，而以色列空军却秋毫无损。空战打成了81∶0，这在现代空战史上是前所未有的。叙以贝卡谷地之战后，"鹰眼"因其战绩而声名鹊起。

此外，在中东战争中，以色列开始使用无人机侦察，使得无人机上可配置的小型成像雷达得到很大发展；以军还启用了美国研制的SR-71型战略侦察机，上面装有侧视雷达（合成孔径）、高分辨照相机、红外电子探测设备，获取了关于氢弹爆炸等很多情报，并用无线电方式实时将探知的情报传回地面；此外，用于空地导弹（包括战略空地导弹和空射巡航导弹）、空空导弹（半主动雷达制导或红外被动制导）、反舰导弹等的制导雷达，也在第四次中东战争中屡展身手……

1.3.4 英阿马岛战争：导弹攻击舰船

1982年5月4日，在大西洋马尔维纳斯群岛以南海域，阿根廷空军侦察情报系统在收到英军"谢菲尔德"号导弹驱逐舰的目标指示数据后，3架"超级军旗"攻击机在P-2"海王星"巡逻机的引导下，开始向目标接近。待飞进自己的导弹射程之后，其中1架飞机突然拉高，急速上升。只见这架飞机刚拉起来，又紧急下降，一上一下用了3 s，就在这短短的3 s，飞机上的雷达准确测出了"谢菲尔德"号的位置及"飞鱼"导弹所需的速度等数据，并将这些数据及时传给带有"飞鱼"导弹的攻击机。

与此同时，"谢菲尔德"号上的雷达也发现了阿根廷飞机这一上一下的特殊举动，不过被放掉了，因为这种转瞬即逝的目标，使得雷达观测员怀疑自己看花了眼，不敢"谎报军情"。于是，冒险升高飞行的飞机也安全摆脱了英方攻击。

说时迟，那时快，转瞬之间，后面2架攻击机肚皮下红光一闪，各放出一枚"飞鱼"导弹。"飞鱼"导弹发射数秒后，很快降至15 m高度转入巡航飞行段。在距"谢菲尔德"号12~15 km处，导弹进入搜索时刻，导弹上的主动雷达开始搜索并迅速捕捉到目标。这时，导弹迅速降到2~3 m浪尖高度实施掠海机动飞行。由于"谢菲尔德"号舰载雷达警戒系统与舰载卫星通信系统的电磁兼容性差，直到"飞鱼"导弹进至"谢菲尔德"号5 km的目视距离时才被舰员发现。舰长急呼"注意规避"，并迅速启动密集阵防御系统向来袭导弹射击，但不幸的是，该系统因计算机故障竟然无法启动。一切为时已晚。导弹击穿舰舷，经过数秒的沉寂后，弹头在舰体内轰然炸响，顿时，"谢菲尔德"号上烟雾弥漫，火光冲天。这艘造价高达1.5亿美元，首次参加实战的现代化军舰，很快沉没于南大西洋海底。

英阿马岛战争还是制导鱼雷和第三代反舰导弹的竞技场，教训尤其深入人心。海战中，英国海军的防空驱逐舰"谢菲尔德"号装有先进的雷达系统和"海标枪"舰空导弹，却被阿根廷空军的"飞鱼"导弹击沉了，其主要原因，就是42型驱逐舰的电磁兼容问题没有解决好。该舰卫星通信时，雷达就不能开机，一开机卫星通信系统就无法正常工作。在遇袭当天，"谢菲尔德"号就是在与英国伦敦进行卫星通信，舰长命令雷达关机，结果就在此时，阿根廷攻击机接近英国海军编队并发射了"飞鱼"导弹，缺乏早期雷达预警的"谢菲尔德"号来不及拦截，中弹沉没。

1.3.5 空袭利比亚：电子战为先导

1986年3月23日，美航母战斗群在距利比亚海岸333.36 km的海域以挑衅的姿态开展海空联合军事演习，E-2C预警机升空对参演兵力实施协调，利用预警雷达进行空中预警；EA-6B电子战舰载机在空中监视利比亚雷达工作状况，收集其技术参数，准备进行电子干扰；舰载战斗机和舰载攻击机率先越过"死亡线"，在锡德拉湾上空做试探性的飞行。1艘"宙斯盾"导弹巡洋舰"提康德罗加"号在1艘驱逐舰和1艘护卫舰的伴随下也蓄意越过"死亡线"，开进锡德拉湾东部海域。24日清晨，位于锡德拉湾东南岸锡德尔镇的利比亚岸防导弹阵地对美舰实施导弹攻击，发射2枚"萨姆"反舰导弹。EA – 6B 施放电子干扰，使导弹在偏离目标 1.5 km 的海面入海。随后，利比亚空军 2 架米格 – 25 飞机逼近美舰，又遭美舰载机拦截而返。傍晚，利比亚岸防导弹阵地再次对美舰、美机发射了多枚"萨姆"反舰和防空导弹，因受到电子干扰，无一命中目标。当晚，美航母凭借夜视器材的优势在夜晚发起主动攻击。"美国"号航母的 2 架舰载攻击机向高速接近美舰的利比亚导弹巡逻艇发射"鱼叉"空对舰导弹，并投掷"石眼"集束炸弹，将其击沉。后来又在 EA – 6B 的支援下，使用"哈姆"高速反辐射导弹攻击了利比亚岸防导弹阵地上的雷达站，炸毁其雷达天线；"珊瑚海"号航母的 2 架 A – 6 舰载攻击机对 2 艘利比亚导弹艇进行攻击，将其重创。25 日凌晨，美舰载机对利比亚的岸防导弹阵地和导弹艇等目标反复攻击。

4 月 14 日，以"珊瑚海"号、"美国"号航母为核心的特混编队位于地中海中部距利比亚海岸 500 km 的海域，进入最高级别的战斗准备部署。E – 2C 预警机提前起飞进行战场电子侦察，截获利比亚军事通信设备、防空阵地上警戒雷达发出的电磁信号，查清工作频率等特性和参数。15 日凌晨，执行空袭任务的舰载机从航母甲板上陆续起飞，按预先制定的程序集结、编组，并与 5 000 km 外英国基地出发的美国空军战斗轰炸机群在指定空域会合，组成联合空袭编队。

随后，EA – 6B 舰载电子干扰飞机与 EF – 111 电子干扰飞机在距目标 100 ~ 120 km 的 6 000 ~ 8 000 m 高空，利用功率强大的电子干扰系统，率先对的黎波里、班加西两地的通信设施和雷达进行远程电子干扰。A – 7 舰载攻击机、F/A – 18 舰载战斗机、EA – 6B 舰载电子干扰飞机分成两个攻击方向进入干扰带，以 60 m 高度在敌雷达盲区超低空飞行，向的黎波里和班加西周围的雷达站发射"百舌鸟"和"哈姆"反辐射导弹 50 枚，直接摧毁 5 座雷达站，其余被迫关机，从而切断了利比亚国土防空系统的预警信息源，导致整个国土防空系统彻底瘫痪。

空袭利比亚开创了舰载航空兵与岸基航空兵远程联合作战的范例。美国以 6 min 的电子战行动为先导，轰炸 18 min；利比亚发射 6 枚苏制"萨姆 – 5"导弹，由于美军采取有效的反导技术，使得 6 枚导弹均失利。

现代战争中，对雷达的电子侦察和摧毁已经成为战争的前奏，与美军空袭利比亚类似，越南战争中的北部湾事件、美国入侵格林纳达之战以及叙以战争等都是以电子侦察为先导、电磁摧毁为中继。这说明随着雷达技术的进步，对抗雷达的手段也在进步。

1.3.6　越南战争：雷达智斗"百舌鸟"

"百舌鸟"导弹是美国海空军使用的第一代反雷达导弹，1964 年开始装备部队，1965 年起大量用于越南战场。

美军在战场上发射"百舌鸟"导弹之前，首先用电子侦察飞机对敌方的地面雷达、防空火力装备、地形地貌等进行侦察，然后，携带"百舌鸟"导弹的飞机飞到目标附近，诱使敌雷达开机，雷达一开机，就会暴露其位置，飞机上的侦察接收机和频率分析仪马上开始工作，计算出敌雷达的类型、频率、方位和距离，做到知己知彼，以求百发百中。接下来发射"百舌鸟"导弹，导弹发射后，能自动沿着敌雷达辐射的电磁波束"顺藤摸瓜"，以两倍音速"迅雷不及掩耳之势"扑向雷达，将雷达击毁。

"百舌鸟"导弹初上越南战场后，打了不少漂亮仗。例如，在 1965 年 3 月的"滚雷"战役中，美军出动大批飞机，轰炸越南北部的一个弹药库，其中作为开路先锋的就是携带有"百舌鸟"导弹的十多架"雷公"式飞机，这些"百舌鸟"导弹摧毁了越军不少雷达，压制了越军由雷达制导的导弹和高射炮火力，使美军的轰炸取得较大战果。

吃一堑长一智，越军为了对抗美国"百舌鸟"导弹，采取了多项措施使"百舌鸟"导弹威力大减：(1) 发现敌方"百舌鸟"导弹，立即关机，使其无法"顺藤摸瓜"，从而摆脱其打击，让导弹在几千米外爆炸；(2) 采用车轮战，多部雷达轮流开关机，例如，第一部雷达发现"百舌鸟"导弹之后马上关机，第二部雷达马上开机，吸引导弹改变飞行路线以后，第三部雷达马上开机以更强的信号吸引"百舌鸟"导弹，如此轮流吸引，使"百舌鸟"导弹七拐八弯地盲目飞行，最后引入无人区自毁；(3) 发现导弹，立即大角度摆动天线，使雷达波束不断改变，搞得"百舌鸟"导弹晕头转向；(4) 把雷达搜索和跟踪目标的时间大大缩短，力争在发射防空导弹前几秒开机"先发制人"，将敌机击落；(5) 雷达断断续续开机工作，使得"百舌鸟"导弹摸不着头脑，失去飞行控制能力；(6) 将雷达设置在掩体内，只把天线放置在外，这样即使雷达招到飞来横祸，也可减小损失。

然而，故事还在继续，美军开始对"百舌鸟"导弹多次改进，于 1968 年开始使用"标准"反雷达导弹，在导弹上加装了记忆装置，只要敌雷达一开机，就会记住敌雷达波的频率和雷达的方位、距离，即使雷达关机，也可照样击毁雷达，但是这种导弹在战场上也难免上当受骗，敌人可以用一部无线电发射机模拟雷达发出的信号欺骗它。后来，美国又研制了"哈姆"反雷达导弹，本领更是不凡，最大速度是 3 倍音速，能做 180°大转弯，它的红外传感器非常灵敏，甚至能将普通家用电脑的微弱辐射信号捕捉到，然后自行排除干扰、识别目标，追逐目标不放，直至摧毁。

1.3.7　美入侵巴拿马/美伊战争：隐形飞机大显身手

美国入侵行动以 2 架 F‑117 投下的 2 枚 GBU‑10 激光制导炸弹拉开序幕，目标是巴拿马首都西南的里奥阿托镇的高炮阵地，结果炸弹落到了附近兵营的空地上，巴军这才察觉到美军发动了突袭。这是该型机首次投入实战，促进了雷达隐身技术的发展。

美伊战争中，"沙漠之狐"行动也以巡航导弹为主战兵器，实施远程打击；首次将具有隐身性能的 B‑1B 型战略轰炸机用于实战，和电子战飞机结合起来进行轰炸。美伊战争还促进了制导武器和防空导弹的研制，同时也促进了防空雷达系统的发展。

1.3.8 海湾战争：看不见的电波搏斗

海湾战争中，美军"沙漠盾牌"行动期间，美军的电子干扰飞机，使伊军200 km范围内的雷达致盲，而美军"战斧"巡航导弹则随意肆虐。E-3是海湾战争的"沙漠盾牌"行动中最早投入部署的飞机之一。在联军40次空战胜利中，E-3参与了38次。实战经验证明，E-3系列预警机上的雷达能快速有效地对危机做出反应，并对全球军事行动进行支援。

美国研制的TR-3A"极光"隐形高空侦察机，速度可高达5~6倍音速，机身装备的高分辨率合成孔径雷达，也在战争中大显身手。

美国的"爱国者"导弹准确拦截伊拉克"飞毛腿"导弹而一举成名，事实上这个荣誉主要还得归功于地面新型相控阵雷达，因为从发现目标到指引"爱国者"导弹拦截的过程都是由这部雷达控制的。同理，"哈姆"等导弹彻底摧毁了巴格达地区的防空洞，也是雷达指引的结果。

反雷达的电子战也在升级。举例来说，美军"白雪行动"电子战计划，调集多达1 500余名电子战专家，利用侦察卫星、飞机、间谍潜艇和众多地面无线电侦察站，对伊拉克境内所有雷达和无线电通信开展全面的干扰压制，使伊毫无反抗之力。美国驻军中有4.1%是电子情报人员，共计15 000余人，出动电子战飞机80架、电子侦察机13架。

在此期间，电子侦察卫星开始用于侦收雷达、通信和遥测等系统所辐射的信号，比如美国的"大酒瓶""漩涡""弹射座椅"。

1.3.9 美苏冷战："海蜇"计划的泄密

导弹预警和海洋监视雷达逐步得到重视和发展，冷战期间，美国的一艘核潜艇遵照五角大楼的命令，执行相当机密的任务，代号"海蜇"，这个计划只有少数几个人知道。结果这次行动计划还是全都暴露了。经过中央情报局的周密调查，发现是苏联卫星上的高分辨率海洋监视雷达，它的抛物面天线时时刻刻都在监视着海洋的一切动静，它装置的遥感器能够敏锐地遥感到海洋表层浮游生物的变化。这种变化是具有规律的，一旦有异物在水下，海面就会有异常现象。核潜艇吨位巨大，马力很足，推进器搅动海水，就会使海洋浮游生物起变化，出现明显的航迹，卫星遥感装置把这一变化航迹拍下来，就等于画出了核潜艇在水下的航迹。苏联情报部门根据这些资料，得知美国的核潜艇正在活动，于是紧紧地跟踪不放。

雷达自第二次世界大战初露锋芒起，就担当起军事防空系统的主角，随之促进了针对雷达的军事伪装（即假目标）的发展。随着雷达技术的进步，反雷达技术也在进步，使得现代战争往往以电子侦察为先导、以电子摧毁为中继，接下来才是战争主要任务的执行。为了应对这些威胁，雷达开始与其他电子系统相结合，组成更复杂的指挥决策与武器管制系统，美国海军的"宙斯盾"系统（系统最重要的就是 AN/SPY－1 被动电子扫描阵列雷达，加上其他情报来源进行信息融合）就是一个典型的例子。于是又产生了电磁兼容等协同工作的问题。

1.4 雷达应用

雷达可谓上天、入地、下海无所不能，对天可探测天文天体，对地可感知地物地理，对海可探船搜潜，还可隔空观物。鉴于现代雷达用途广泛，种类繁多，分类方法多种多样，没有固定标准，本节主要根据雷达探测目标的种类形式分八大类来描述（图1.32）。还有很多其他的分类描述方式，如根据雷达用途、测量目标的参数、工作波段、信号形式、天线扫描方式等，可在实际研究过程中根据需要选择划分。

图 1.32　1.4 节内容的思维导图

1.4.1　气象雷达篇

气象雷达，也被称为天气雷达，可观察和预测风雨云、探测晴空湍流等（图1.33）。X 和 C 波段的多普勒气象雷达可通过大气中的雨、冰或其他碎片散射回来的回波探测湍流、风切变、微下冲气流。更有集红外、微波及激光于一体的多功能雷达，提高了低空风切变探测的性能，还能探测出雾、暴雨及晴空湍流。

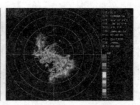

(a) 气象雷达站示例　　　　(b) 典型气象雷达天线　　　　(c) 典型气象雷达显示画面

图 1.33　气象雷达

如果将气象雷达加装到飞机上，可帮助飞机回避湍流、风切变、微下冲气流等；气象雷达还可应用于近海和舰船平台上发挥类似功能。

随着科学研究范围的扩展，气象雷达的功能也在扩展。目前，气象雷达还可用于大气边界层科学研究、大气环境污染的研究、全球气候变化的研究、极地气象气候的研究、风能研究应用、航空机场的业务应用、中尺度危害性天气研究、战场应用及紧急事件的反应、城市气流模式建模等。

应用扩展：人工降雨

人工降雨，一般用脉冲多普勒雷达搜索到积雨云，然后再采取其他措施迫其降雨；图像处理技术也可应用于积雨云的自动识别中。现已有人设计并实现了人工增雨指令实时计算软件，解析雷达数据，识别积雨云。

1.4.2　天文测量篇

天文测量是通过观测太阳或其他恒星位置，以确定地面点的天文经度、天文纬度或两点间天文方位角的测量工作。其结果可作为大地测量的起算或校核数据，以及在地质、地理调查和其他有关工作时做控制之用。

1.4.2.1　天文测量

来自宇宙天体的各种电磁波中，能够透过大气层的电磁波段恰恰是雷达使用的微波波段。因此可用无源雷达（本身不反射电磁波的雷达）探测宇宙天体，从而在射电天文学研究中发挥作用。射电望远镜实际就是一种无源雷达体制，如图 1.34 所示的"中国天眼"FAST 就是典型的用于天文测量的射电望远镜。另外，也可利用主动雷达观测月亮、太阳、金星、土星、流星、人造卫星等，在观测星体表面、外层结构、精测距离及运行轨迹等方面发挥很大作用，从而促成"雷达天文学"的出现。

图 1.34　"中国天眼" FAST

注：500 m 口径球面射电望远镜，简称 FAST，被誉为"中国天眼"，于 2016 年 9 月 25 日落成启用，是世界最大单口径、最灵敏的射电望远镜。综合性能是著名的射电望远镜阿雷西博的 10 倍。FAST 突破了射电望远镜工程极限，其接收面积相当于 30 个足球场大小。

1.4.2.2　宇宙航行

在征服宇宙空间中，雷达应用十分广泛，用于宇宙航行的雷达，可精测飞船位置、指挥飞船登月、协助飞船交汇和对接等。如：在飞船上装有应答器时，雷达可对距地球 8×10^8 km 的飞船进行定位。这种雷达还可用来探测和跟踪人造卫星（图 1.35）。

(a) 宇宙航行　　　　　　　　　　　　　(b) 交会对接

图 1.35　宇宙航行

1.4.3　隔空观物篇

1.4.3.1　地形勘测/电力巡线

工作在红外和可见光波段的雷达称为激光雷达。激光脉冲撞击目标后原路反射回激光器，经过多次测量和信号处理，可得到目标宽度、距离、反射率、方位，实现报警。三维激光雷达是快速获取大量地形数据的有效手段，在地形勘测方面有独特优势，在电力巡线领域也得到应用，用于计算输电杆塔的倾斜、位移、电线弧垂、交叉跨越、净空排查等，雷达工作效率极高，仅 7 天就可提供整个华北地区的高压线情况数据（图 1.36）。

(a) 应用激光雷达进行电力巡线的无人机　　　　(b) 激光雷达巡线中

图 1.36　激光雷达电力巡线

1.4.3.2　料位仪

料位测量是指对工业生产过程中封闭式或敞开容器中物料（固体或液位）的高度进行检测，完成这种测量任务的仪表叫作料位仪。料位仪也称为"物位计""料位计""物位仪""料位监测仪""物位监测仪"等。有一类雷达就可用于煤堆体积或乙烯、液氨存量的测量，避免人工测量所带来的风险和麻烦（图 1.37）。

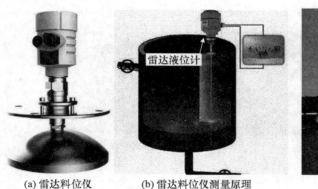 

(a) 雷达料位仪　　　　(b) 雷达料位仪测量原理　　　　　(c) 雷达海平面测量仪

图 1.37　料位仪应用示例

1.4.3.3　便携式生命搜救雷达

便携式生命搜救雷达可采用超宽带雷达非接触式生命特征提取技术，间隔一定的距离、介质（如衣服、砖墙、楼板以及其他覆盖物等）检测生命特征，主要包括人体的呼吸、心跳和体动信息。其基本工作原理是通过超宽带天线向空间辐射电磁波，雷达回波信号被人体的生命体征信号所调制，引起频率或相位的变化，通过识别这些变化探测生命，对被测对象无特殊要求，无须连接各种接触式电极、电缆，传感器等（图 1.38）。

(a) 生命探测雷达

(b) 便携式生命搜救雷达1

(c) 便携式生命搜救雷达2

图 1.38 生命搜救雷达示例

1.4.3.4 穿墙雷达

穿墙雷达是针对军事巷战、丛林搜捕、公安反恐、人质解救和灾难搜救等任务推出的多发多收超宽带脉冲体制雷达,具备多目标探测、实时二维定位等功能(图 1.39)。

(a) 穿墙雷达

(b) 手持式穿墙雷达

图 1.39 穿墙雷达示例

1.4.3.5 生物研究

昆虫学家和鸟类学家用雷达来观测这些飞行生物的迁徙以做研究(图 1.40)。

(a) 雷达开启动目标显示(MTI)时显示的鸟群

(b) 雷达开启MTI时显示的蝙蝠和昆虫

图 1.40 雷达观测生物示例

1.4.4 透地雷达篇

透地雷达或探地雷达(GPR)是用雷达脉冲波探测地表以下状况并成像的仪器(频率一般为 1MHz ~ 1 GHz),可探测到地表下的物质、材质变化、空隙和裂隙等。透地雷达通常使用高频率且通常被极化的无线电波发射入地表之下，当电磁波撞击到埋在地表下的物体或到达介电常数变化的边界时，天线接收到的反射波会记录下反射回波的信号差异。透地雷达的天线一般会接触地表以接收到最强反射波，空载的透地雷达天线则架于地表上方（图1.41）。

军事上则可使用透地雷达侦测地雷、未爆弹药和地道。透地雷达即使在待命状态，仍然可以侦测地雷。

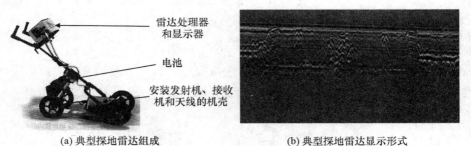

<table>
<tr><td>(a) 典型探地雷达组成</td><td>(b) 典型探地雷达显示形式</td></tr>
</table>

图1.41　典型探地雷达

1.4.4.1　结构和路面的无损检测

结构和路面的无损检测典型应用如高速公路质量检测、混凝土铺面解析、河堤检测、隧道健康诊断、老旧桥梁检测、机场跑道检测、检测建筑物修复情况等。

道路灾害预警雷达可以多通道超宽带探地雷达检测技术为核心，融合高清晰图像和激光阵列等当今先进传感器检测技术，辅以GPS和里程计定位技术，以机动车辆为平台，在正常车速下实现对道路表面、内部以及地下的缺陷进行探测并记录沿线地表设施的状况。提供道路面层结构及厚度、表面裂缝、断层脱空、地基沉陷、平整度、构造深度等检测结果，实现"由表及里、由浅入深"的综合检测，及时发现安全隐患，保障道路的建设和运行质量，提高养护工作的针对性和有效性，并提供道路的电缆管沟分布信息（图1.42）。

(a) 道路灾害预警雷达系统　　　　　　　(b) 公路厚度探测雷达示例

图1.42　道路灾害预警与公路厚度探测雷达

1.4.4.2 研究土壤和基岩

地球科学家使用透地雷达来研究基岩、土壤、地下水和冰。有时透地雷达会被用来寻找埋藏在河床下方的较重颗粒聚集区，还可用来寻找黄金或冲积砾石层中的钻石。中国的"玉兔"号月球车在车体底盘也搭载了透地雷达以探测月球表面土壤和外壳。跨孔透地雷达已经被开发并应用在水文地球物理学领域，可用来评估土壤内水分（图1.43）。

(a) 美国大陆的土壤适用性地图　　(b) 泰山附近断层探测结果

图 1.43　透地雷达应用举例

注：（a）图引自《雷达手册》第三版。

1.4.4.3 环境整治

透地雷达可用来寻找垃圾掩埋场、污染区和其他需要进行整治的区域。1987 年以前，英国伯明翰的弗兰克利水库漏水量达到 540 L/s。1987 年科学家使用透地雷达成功找到漏水区，并将漏水区隔离。

1.4.4.4 考古发现

透地雷达可用来映射考古学上的遗物、特征和墓地并绘制成图。考古学家曾在德国柏林使用透地雷达探测。英国电视节目《考古小队》中常可看到透地雷达被用来确认合适的开挖点以及搜寻物品的情节。

1.4.4.5 执法

应用透地雷达寻找隐秘墓地或尸体等物体掩埋区域。1992 年，英国办案人员曾使用透地雷达找到被绑架犯埋在野外的 15 万英镑赎金。

1.4.5　合成孔径雷达篇

合成孔径雷达（SAR）是一种高分辨率成像雷达，可以在能见度极低的气象条件下得到类似光学照相的高分辨雷达图像。利用雷达与目标的相对运动把尺寸较小的真实天线孔径用数据处理的方法合成一较大的等效天线孔径的雷达，也称综合孔径雷达。合成孔径雷达的特点是分辨率高，能全天候工作，能有效地识别伪装和穿透掩盖物。所得到的高方位分辨力相当于一个大孔径天线所能提供的方位分辨力。经过 60 多年的发展，合成孔径雷达技术已经比较成熟，可安装在飞机、卫星、宇宙飞船等飞行平台上，全天时、全天候对地实施观测，并具有一定的地表穿透能力。因此，SAR 系统在灾害监测（如森林火灾\地震等灾害的预报）、环境监测、海洋监测（如海面石油污染的监测）、资源勘查、农作物估产、测绘等方面的应用上具有独特的优势。图 1.44 展示了美国 NASA 的 SIR – C/X – SAR 雷达及其测绘图像。

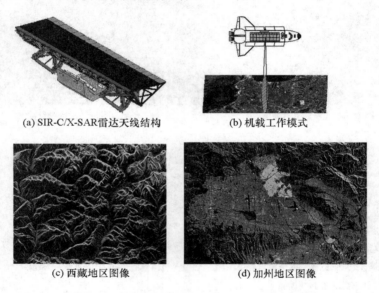

(a) SIR-C/X-SAR雷达天线结构   (b) 机载工作模式

(c) 西藏地区图像   (d) 加州地区图像

图 1.44　美国 NASA 的 SIR – C/X – SAR 雷达及测绘图像

在民用领域，合成孔径雷达主要用于地形测绘与地质研究，如埃及古河道的发现、阿尔贝托油田的分析、农业和林业中的土地利用调查/土壤水分测量/作物生长与分类等（图 1.45）。

干涉合成孔径雷达就是一种全天候、高分辨率的雷达成像和地形图成像技术，可进行城市构件测绘或高分辨地图测绘（图 1.46）。还有一种测地雷达，装在飞机或人造卫星上，既可用来观测地形、地貌，又可作为探测地球资源，保护森林资源的一种遥感设备，还可用于农业、地矿、石油等资源及灾害检测。

在军事方面的应用，如军事目标的识别与定位，机载或星载地形测绘和战场侦察。合成孔径雷达还可用于对定点目标成像，完成目标精确选择和高精度导航的功能，在机载截击雷达上应用可对前侧向的区域进行高分辨搜索监视（图 1.47）。

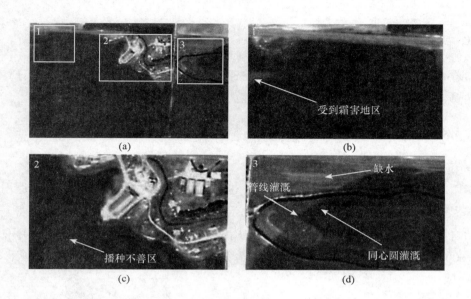

图 1.45 农作物估产卫星雷达示例

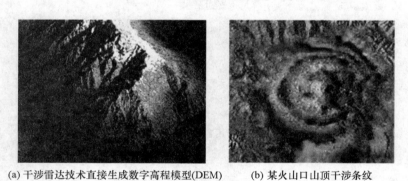

(a) 干涉雷达技术直接生成数字高程模型(DEM)　　　(b) 某火山口山顶干涉条纹

图 1.46 干涉合成孔径雷达成像示例

(a) 高分辨率雷达对M-47坦克的成像　　　(b) TESAR雷达对C-12飞机的成像图

图 1.47 合成孔径雷达成像示例

1.4.6 交通安全篇

随着人类发明的交通工具越来越多，交通安全问题也日益得到重视。本部分将列举雷达在海上、陆地、空中保障交通安全方面的应用。

1.4.6.1 导航雷达

1. 航海雷达

船用导航雷达是保障船舶航行的雷达，也称航海雷达（图1.48）。它特别适用于黑夜、雾天引导船只出入海湾、通过窄水道和沿海航行，主要起航行防撞作用。船上装备雷达始自第二次世界大战期间，战后逐渐扩大到民用商船。国际海事组织（IMO）规定，1 600吨位以上的船只必须装备导航雷达。

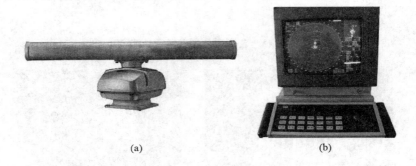

(a)　　　　　　　　　　　　(b)

图1.48　船用雷达导航系统示例

2. 飞机导航

在现代航空飞行运输体系中，对于机场周围及航路上的飞机，都要实施严格的管制。航行管制雷达兼有警戒雷达和引导雷达的作用，故有时也称为机场监视雷达，它和二次雷达配合起来应用。二次雷达地面设备发射询问信号，机上接到信号后，用编码的形式，发出一个回答信号，地面收到后在航行管制雷达显示器上显示。这一雷达系统可以鉴定空中目标的高度、速度和属性，用以识别目标（图1.49）。

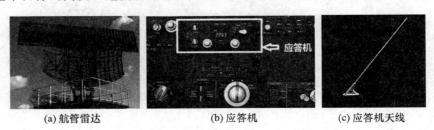

(a)航管雷达　　　　　(b)应答机　　　　　(c)应答机天线

图1.49　航行管制雷达与应答机

此外，如盲降引导、机载导航及防碰雷达装设在飞机上，可用于能见度不良情况下的导航和防碰，测定飞机速度、高度，避开雷雨区等。

1.4.6.2 防撞雷达

1. 车用防撞雷达

车用防撞雷达系统是由数个感应器与一组微电脑控制器及蜂鸣器组成，可告知驾驶员存在于最小区域内的所有障碍物，并不得对处于最大区域外的任何障碍物有所反应（图1.50）。车体碰撞预警的雷达扫描技术，也可以和智慧巡航控制或主动巡航控制的系统结合，透过雷达侦测前方车辆或物体的固定间距，自动地调整车辆行车速度。

图1.50　车用防撞雷达系统

2. 浮冰巡视/冰层监测

随着雷达技术的发展，雷达在海上除可探测舰船外，还可用于探测潜艇、水雷等；现代雷达可进行浮冰巡视。可以设想，如果这种雷达早些出现的话，"泰坦尼克"号的悲剧也许就不会发生了。

雷达测高仪的一个重大潜在应用就是监测大片冰面的高度。CryoSat 测高仪是最早的星载雷达测高仪，设计用于冰面的测高，它可工作于传统模式、SAR 模式和干涉测量模式（图1.51）。

图1.51　CryoSat 卫星及其 SIRAL 测高计

3. 地形跟踪/回避雷达

地形跟踪雷达，适用于变化不太剧烈的地形地物，是根据载机前方不同地形情况产生相应的俯仰控制指令，输送给自动驾驶仪，由后者操纵飞机使之与下方地形保持某一净空高度（图1.52）。地形回避雷达用来保证当飞机前方出现障碍物时，使飞机做横向运动，绕过有危险的障碍物后继续向前飞行。在地形回避雷达的显示器上，凡是高出飞行平面（或是低于飞行平面一定间距的平面，此间距可由驾驶员选择确定）的突起物和障碍物，都以辉光标志的形式在显示器上显示出来，只要操纵飞机绕过这些亮点，飞机就能在低空以高速安全飞行。

图1.52　地形跟随雷达使飞机航线随地势起伏

1.4.6.3　自动驾驶

据报道，两位前苹果工程师成立的一家初创公司正在研究一种新的激光雷达技术，该技术旨在解决当前（自动驾驶技术中普遍使用的）扫描波束系统的许多缺陷。该方法提供了更详细的图像，并增加了跟踪速度，基本上能够弥合目前激光（雷达）系统和雷达系统捕捉到的不同形式数据之间的鸿沟。他们研制的激光雷达系统并不依赖于必须不断移动的激光束，而是发出一种广泛的连续光束。

1.4.6.4　测速雷达

雷达还广泛用于测速行业，进行速度和距离的无接触测量。现在的雷达测速仪技术已经非常成熟，雷达测速仪配合高清网络摄像机和补光设备广泛应用于智能交通测速。雷达测速仪除了在智能交通中的测速，还广泛应用于运动比赛项目（球类测速、运动员测速等）、企业车辆安全管理中（图1.53）。

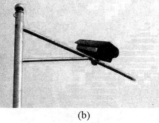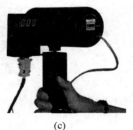

(a)　　　　　　　　　　(b)　　　　　　　　　　(c)

图1.53　雷达测速仪示例

1.4.6.5 不停车收费系统（ETC）

不停车收费技术特别适于在高速公路或交通繁忙的桥隧环境下采用。实施不停车收费，降低收费管理的成本，有利于提高公路的通行能力和车辆的营运效益；同时，也可以大大降低收费口的噪声水平和废气排放。ETC 系统中，可采用多目标雷达跟踪技术，同时识别和测量多车道的多辆汽车，并同时测定速度、定位（图 1.54）。

(a) 高速 ETC 通道　　　　(b) ETC 多目标雷达跟踪装置

图 1.54　不停车收费系统

1.4.7　军事应用篇

雷达的发展离不开战争的促进，雷达自然在军事领域一直大展拳脚，在战场监视、武器控制、目标检测、目标识别、目标跟踪等方面都有应用。下面就列举雷达在军事领域的典型应用。

1.4.7.1　远程探测和预警

预警雷达属于一种远距离搜索和警戒雷达，一般都采用 12 MW 以上的超高发射功率、高几十米宽几百米以上的电动扫描天线阵列，工作频率在超高频（UHF）和甚高频（VHF）波段，用以减少大气损耗。因此，其作用距离可达几千千米，再配上相应的高性能计算机数据处理系统，能在搜索的同时跟踪 100 ~ 200 个目标，主要用来发现远、中、近程弹道导弹，测定其瞬间位置、速度、发射点和弹着点等关键参数，为军事机关提供导弹预警情报（图 1.55（a））。目前，应用预警雷达不但能发现导弹，而且可以发现洲际战略轰炸机。

预警雷达可加装到飞机上成为机载预警雷达，是使用于预警机的雷达控制系统装置，用于搜索、监视与跟踪空中和海上目标，并指挥、引导己方飞机执行作战任务。

超视距雷达主要用于早期预警和战术警戒，是对地地导弹（特别是低弹道的洲际导弹和潜地导弹）、部分轨道武器（包括低轨道卫星）和战略轰炸机的早期预警手段（图 1.55（b））。它能在导弹发射后 1 min 发现目标，3 min 提供预警信息，预警时间可长达 30 min。超视距雷达在警戒低空入侵的飞机、巡航导弹和海面舰艇时，可以在 200 ~ 400

km 的距离内发现目标。与微波雷达相比，超视距雷达对飞机目标的预警时间可增加 10 倍左右；对舰艇目标的预警时间可增加 30 ~ 50 倍。它还能探测 4 000 km 以内的核爆炸，通过测量电离层的扰动情况估计核爆炸的当量和高度。

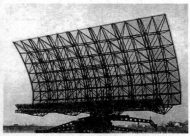

(a) 预警机 (b) 超视距雷达

图 1.55　预警机和超视距雷达

　　超视距雷达包括天波雷达和地波雷达。天波雷达是一种利用高频电磁波在电离层与地面之间反射或沿地球表面绕射机制克服地球曲率限制从而探测到地平线以下目标的新体制雷达。天波超视距雷达的作用距离为 1 000 ~ 4 000 km。天波超视距雷达以其独特的工作方式使它在抗低空突防、抗隐身、抗反辐射导弹（ARM）、抗电子干扰这"四抗"性能上有天然的优势。地波雷达和天波雷达是两种主要的对海探测手段，它们都是通过发射高频电波工作的。由于海面是电波的良导体，地波雷达发射的电波会沿着海面"爬行"，因此可以突破地平线，探测到 300 km 外的目标。尽管探测距离较短，但是地波雷达体积更小，探测精度也更高。地波雷达目前已形成便携、车载、固定式及岛屿专用等系列产品，可部署在海岸上，可探测舰艇、飞机和导弹等活动目标。地波雷达正好弥补了我国预警机和岸防雷达的不足。地波雷达还可用于观测海流风速，2008 年在中国青岛举办的奥帆赛上被应用，为参赛选手提供实时的海面气象信息。

1.4.7.2　制导

　　制导雷达主要用于对地空导弹、空空导弹和反舰导弹等的制导，可采用微波、红外、电视和光瞄设备等多种手段对目标进行搜索、跟踪、敌我识别和对拦截导弹进行制导。目前有雷达波束制导和雷达寻的制导两种，前者是用雷达波束引导导弹射向目标，后者是通过接收目标回波信号跟踪目标直至射中目标。如高射炮火控、表面火控、导弹制导、靶场测量、卫星测量、精密进场和着陆等情形均需要制导雷达，安装了制导雷达的导弹本身像长了眼睛一样，能跟着目标走。

1.4.7.3　火控

　　通常来说，对单兵或只有一个主要武器的系统（无并发系统），谈不到火力控制，一般叫作制导系统。火控雷达，其实包含了两个系统，一般通过雷达实现预警扫描、搜索、获取信息，然后火控系统会对信息综合分析，并将目标分类，并给出对本单位的威胁系数，高级的火控系统还会给出武器选择建议。开始攻击时，雷达会首先锁定目标，采用加密频率对目标实施特殊扫描获得更详细准确的目标信息，并开通专门频道对目标（或目标群）不间断扫描，对于自动制导武器，在获得目标信息后，就会启动自身导航制导装置飞向目标；半主动制导武器会在飞出后的前一阶段通过数据链接受雷达信息向目标靠近，在最后阶段打开制导装置开始攻击；非制导武器会在雷达信息指导下完成攻击（图1.56）。

(a) "卡什坦"舰载弹炮防空系统　　　　　(b) 战斗机搭载的相控阵火控雷达
　　(火控雷达位于炮塔中央)

图1.56　火控雷达示例

机载火控雷达一般能空对空搜索和截取目标、空对空制导导弹、空对空精密测距、空对地观察地形和引导轰炸、接收敌我识别和导航信标的信息，有的还兼有地形跟随和回避作用。

还有一种功能类似的雷达被称为机载截击雷达，当歼击机按照地面指挥所命令，接近敌机并进入有利空域时，就利用装在机上的截击雷达，准确地测量敌机位置，以便攻击。

1.4.7.4　防空

防空雷达是利用电磁波探测空中目标的军用电子装备（图1.57）。它发射的电磁波照射目标并接收其回波，由此来发现目标并测定目标位置、运动方向和速度及其他特性。

机载护尾雷达用来发现和指示机尾后面一定距离内有无敌机。这种雷达结构比较简单，不要求测定目标的精确位置，作用距离较近。

1.4.7.5　跟踪

跟踪雷达是能连续跟踪一个目标并测量目标坐标的雷达，它还能提供目标的运动轨迹。

边扫描边跟踪雷达是跟踪雷达的种类之一。采用边扫描边跟踪（TWS）方式，通过

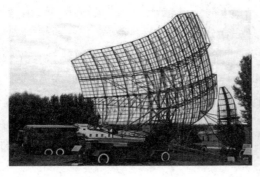 

图 1.57   防空雷达示例

雷达天线连续扫描得到目标位置和速度矢量，是岸炮火控系统中广泛采用的一种方法。这种方法也应用于其他许多场合，但其精度要求一般不像火控系统那样严格。

1.4.7.6   战场监视

合成孔径雷达具有不受光照和气候条件等限制，可实现全天时、全天候对地观测的特点，甚至可以透过地表或植被获取其掩盖的信息。这些特点使其在军事领域更具有独特的优势，尤其是未来的战场空间将由传统的陆、海、空向太空延伸，作为一种具有独特优势的侦察手段，合成孔径雷达卫星为夺取未来战场的制信息权，甚至对战争的胜负具有举足轻重的影响。

中航工业雷达与电子设备研究院编写的《机载雷达手册》（第 4 版）一书给出了机载雷达发展历程纪事，同时给出了各国雷达的特点及技术参数。

1.4.8   周界防护篇

随着市场需求进一步扩大，科学技术的发展推动，各种周界探测技术不断出现，将各种入侵探测报警系统融入安防领域，成为安防领域的重要组成部分——"周界防护"。

1.4.8.1   相控阵雷达结合视频融合技术

相控阵雷达视频融合区域警戒产品具备雷达信息与视频图像联动识别、运动目标跟踪监视、坐标方位地图标定、信息融合、主动预警等特点（图 1.58）。多传感器融合技术在提供探测准确性的同时，还极大地提升了环境适应性，避免单一探测器技术容易被某种特殊环境干扰影响的情况。其能够在雨雪风雾等恶劣天气状况下稳定运行，可应用在广场、港口、营区外围等开阔区域或进行场馆安保检测。

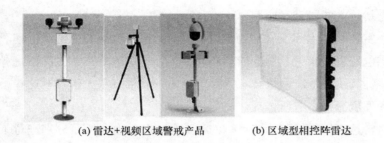

(a) 雷达+视频区域警戒产品　　(b) 区域型相控阵雷达

图 1.58　雷达视频融合区域警戒产品示例

1.4.8.2　智能对射雷达

智能对射雷达一般由一台数字发射机和一台数字接收机组成，形成一个无形的立体探测区域，可对入侵者进行有效探测，并具备扩展功能，能实现自我调整，支持远程报警和远程控制功能。

微波对射雷达工作时，发射器定向地发射微波能量，接收器接收的能量发生变化，信号处理器将对其分析，给出预警或者报警信号（图 1.59）。

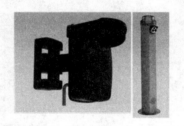

图 1.59　微波对射雷达

本章首先从三个角度解读了雷达的产生和发展的主要影响因素。

首先，从仿生学的角度，雷达的发明是从蝙蝠飞行得到了启示。于是可以通过类比和联想理解雷达探测的基本原理，并进一步扩展自己的视野。

其次，从电磁学的角度，雷达的研制和发展离不开电磁技术的支撑，从中可以了解到雷达的权威定义及相关的电磁学概念。

最后，从战争的角度解读雷达发展的强大推动力，在雷达发展的各个阶段，战争的需求都在促进新技术的研究和应用。

可以说，雷达的产生和发展是人类扩展观察和探索世界的视角的过程。对于雷达这样一部复杂的电磁设备来说，影响因素还有很多，这也正是雷达能日新月异的原因。现代电子技术、计算机技术、网络技术等对雷达的发展都有很大影响，这些会在后续雷达的测量原理和发展原理中有所体现。

本章还对雷达应用依据其探测目标的种类形式分八个小篇章分别进行了介绍，各篇章稍有交叠，基本概括了雷达应用的相关领域。

本章主要内容的展开如图 1.60 所示。

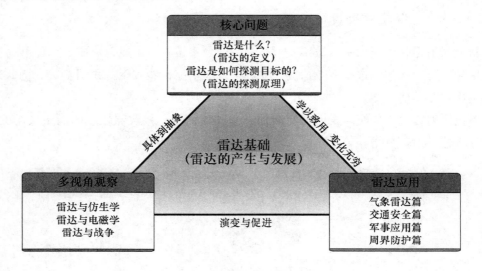

图 1.60 第 1 章内容的知识点图解

第 2 章　组成原理

有这样一个关于斯坦梅茨（德国出生的美籍电机工程师、发明家）的真实故事。

1923 年，美国福特公司的一台大型电机发生了故障。为了查清原因，排除故障，公司将电机工程师协会的专家们请来"会诊"，但一连数月，毫无收获。

后来，他们请来移居美国的德国科学家斯坦梅茨。斯坦梅茨在电机旁搭了座帐篷住下来，忙碌了两天两夜。最后，他在电机旁用粉笔画了一道线，吩咐说："打开电机，把此处的线圈减少 16 匝，故障就可排除。"

工程师们照办了，电机果然运转正常。斯坦梅茨向福特公司索要 1 万美金的酬金。有人说："用粉笔画一条线值 1 万美金？简直是敲竹杠！"

斯坦梅茨莞尔一笑，随即在付款单上写下这样一句话："用粉笔画一条线，1 美金。知道在哪里画线，9 999 美金。"

后来老板想收购斯坦梅茨所在的小公司，但公司很快拒绝了福特的收购，并意识到了斯坦梅茨的价值，给予了他充分的信任和重用。在斯坦梅茨和一群工程师的努力下，小公司飞速发展，很快便成了全美数一数二的大公司——通用电气公司。

这个故事虽然时隔已久，但却把工业时代斯坦梅茨先生学习掌握先进技术并解决问题能力的重要性，描绘得淋漓尽致，让我们体会到掌握一门过硬技术的价值。只要手里有技术，肯下功夫，成功就是唾手可得的，今天不成功，明天也会成功的。

想达到斯坦梅茨的水平，首先就需要对设备组成及其各部分的功能非常熟悉。同样，对于雷达来说，无论是想做好设备研发还是设备维护，都需要知晓雷达的基本组成及各功能模块内部的工作原理。

本章导读

本章解释的问题就是围绕雷达的组成展开，主要包含以下两个方面：
（1）雷达的基本组成包括哪些部分？这些部分是如何协同工作的？
（2）雷达各组成部分的功能、特点、关键技术又是怎样的呢？

2.1　再谈《蝙蝠和雷达》

在上一章我们从《蝙蝠和雷达》谈起，引出雷达的探测原理。根据雷达的探测原理，我们就可以推理雷达需要哪些功能模块，才能实现其探测功能。所以我们想再谈谈《蝙蝠和雷达》。

首先可以想到，蝙蝠为了实现回声定位，需要用嘴发出超声波，接下来需要用耳朵接收前方物体反射回来的超声波，其后就是蝙蝠用其神经系统处理接收到的回波，对前方物体做出判断（图2.1）。

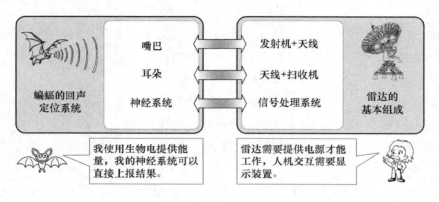

图2.1　蝙蝠与雷达对比

◎类比

同理，雷达需要发出电磁波，所以需要产生和辐射电磁波的装置，雷达中称这部分为"发射机"和"天线"；接下来雷达需要接收可能会被目标反射的回波，称这部分为"接收机"和"天线"；早期的雷达一般是将接收机直接与显示器相连，通过接收机和雷达操作员的综合处理对目标做判断，而随着雷达的发展，雷达工程师们又给雷达增加了一个类似于蝙蝠的"神经系统"的功能模块，称为"信号处理机"，信号处理机既是现代雷达的主要标志，也是各雷达研究所的核心技术；此外，还需要考虑这些功能模块的协同与能源（毕竟蝙蝠的回声定位系统是由生物体自动协调和提供能量的），于是又需要"电源"和一些连接装置，比如机载雷达需要双工器来节省一个天线。

◎归纳

雷达的基本组成可以根据设备情况分别概括为：

（1）三机两器一线（收发共用一个天线）；

（2）三机两线一器（收发各用一个天线）。

其中，三机即为发射机、接收机、信号处理机；两器即为双工器和显示器；一线即为天线；两线表示两个天线；一器即为显示器。

需要说明的是，以上是雷达系统的基本组成，实际的雷达设备可以根据用途和设计要求有不同的组成结构，但是其功能模块一般都包括上述组成部分。例如：有些雷达可能将接收机中的本振模块单独做成一个分系统，称作频率源；实际雷达设备中，需要根据不同模块的需要配置电源模块和温湿度调节模块等。正如《雷达手册》中所述："雷达的概念相对简单，但在很多场合，实现起来并不容易。"

◎演绎

请推演一下，雷达各组成部分是如何协同工作的？

早期雷达的基本工作过程如图2.2所示，现代雷达在接收机处理和显示器显示之间增加了信号处理机的处理。

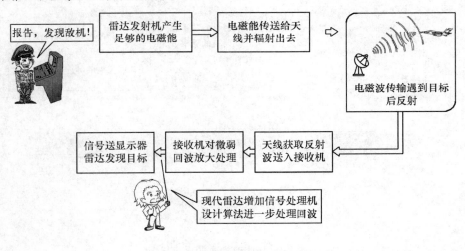

图2.2 早期雷达基本工作过程

2.2 发射机

发射机是雷达系统的基本组成单元之一，是雷达实现主动探测的重要部件。本节的主要内容及相互关系如图2.3所示，即围绕发射机的功能展开相关内容。

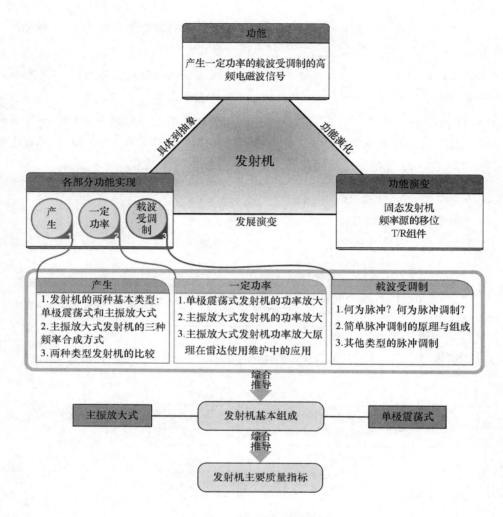

图 2.3　2.2 节内容的思维导图

2.2.1　功能

对于发射机部分，我们可以先明确雷达发射机的功能是产生一定功率的载波受调制射频信号（或称为高频电磁波信号）。

这一概括里有三个关键点：

（1）产生（射频信号）；

（2）一定功率（射频信号）；

（3）载波受调制（射频信号）。

了解发射机实现上述三方面功能的原理和方法就可以将发射机的基本知识贯穿起来。

2.2.2 产生

首先，需要明确发射机是在雷达内部产生雷达探测所需的电磁波信号，并不是对外发射，对外辐射和接收是雷达天线的工作，这一点容易因发射机的名字而混淆。

其次，发射机产生雷达探测所需的电磁波信号有两种基本方式，对应的雷达发射机有两种基本类型，即单极振荡式（也称为自激振荡式）和主振放大式，它们实际上就代表了发射机的两种基本实现思路。

2.2.2.1 单级振荡式发射机

单级振荡式发射机采用了一种直截了当的解决思路，也就是用一个射频功率振荡器直接产生一个功率比较大的射频信号。

以磁控管为例，磁控管也称微波发生器，是一种电子管，主要由管芯和磁铁组成，如图 2.4 所示。

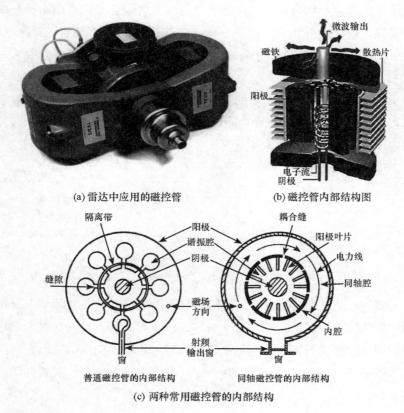

(a) 雷达中应用的磁控管   (b) 磁控管内部结构图

(c) 两种常用磁控管的内部结构

图 2.4　磁控管的外形及内部组成

管芯由灯丝、阴极、阳极组成，主要作用是发射电子。其中，灯丝用来加热阴极；阴极采用发射电子能力很强的材料制成，被加热后其表面迅速发射电子以维持磁控管正常工作所需的电流；阳极上有若干谐振腔，用以接收电子。

磁铁的作用是供给与阳极轴线平行的强磁场，一般采用简装式结构，用永久磁铁制成。

磁控管是产生高频振荡的选频谐振回路，谐振频率主要由空腔的尺寸决定。磁控管工作时，在阳极与阴极之间加上一定的直流电压，阴极发射的电子受阳极正电位吸引而飞向阳极，在外界磁铁的作用下，电子还受到方向与电场垂直的磁场作用而做轮摆运动，形成绕阳极旋转的"电子云"；当旋转速度与高频磁场同步时，电子将大部分能量交给高频磁场，从而维持高频振荡。

2.2.2.2　主振放大式发射机

主振放大式发射机包含了多级电路。从各级功能来看，核心包括两个部分：一是用来产生射频信号的部分，称为主控振荡器；二是放大射频信号，即提高信号的功率，并通过多级来实现，故称为射频放大链。这里，主控振荡器负责产生所需的电磁波信号；射频放大链负责将信号放大到一定功率。主控振荡器主要有三种频率合成方式。

1. 锁相技术

采用锁相技术可以构成频率固定的稳定本振，但主要还是用来构成可调谐的稳定本振。所谓"可调谐"，是指频率的变化能以精确的频率间隔离散地阶跃。这种可调谐的稳定本振的实现方案之一如图 2.5 所示。

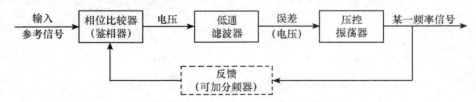

图 2.5　锁相环内部组成框图

锁相环（PLL）是一种反馈电路，其作用是使得电路上的时钟和某一外部时钟的相位同步。因锁相环可以实现输出信号频率对输入信号频率的自动跟踪，通常用于闭环跟踪电路。锁相环在工作的过程中，当输出信号的频率与输入信号的频率相等时，输出电压与输入电压保持固定的相位差值，即输出电压与输入电压的相位被锁住，这也是锁相环名称的由来。

2. 晶振倍频型稳定本振

在相参脉冲放大型雷达中，通常其载波频率、稳定本振频率和相参本振频率均由同一基准频率倍频而成，如图 2.6 所示。

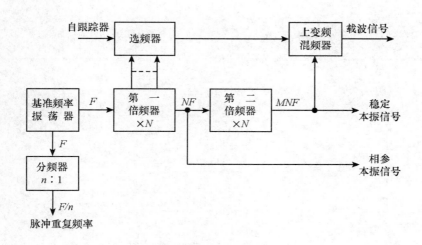

图 2.6 晶振倍频式频率合成方式示例

这种合成方式是一种有趣的数学计算，即根据所需合成的频率选择适当的变频器件将本振信号进行加减乘除等运算，使得最后合成的频率符合雷达选定的工作频率即可。具体如下：

（1）加法器件——上变频（实际实现是用乘法器加高通滤波器）；

（2）减法器件——下变频（实际实现是用乘法器加低通滤波器）；

（3）乘法器件——倍频器、谐波产生器等，主要功能是产生频率为基准频率若干倍的高频信号；

（4）除法器件——分频器，主要功能是产生频率为基准频率几分之一频率的信号。

基准频率振荡器采用石英晶体振荡器，其相位不稳定主要是由噪声产生的，在较低的频率上可以获得较好的相位稳定度，一般采用的最佳振荡频率范围为 1~5 MHz。

举例来说，假设作为基准频率振荡器的石英晶振的频率为 20 MHz，最终合成的信号频率为 8 410.5 MHz，可以用倍频器得到 20 MHz 的 400 倍频信号和 20 倍频信号（或者直接用谐波产生器产生 20 MHz 的 420 倍频率的信号），同时用二分频器得到 10 MHz 信号，再进一步用二十分频器得到 0.5 MHz 信号，最后用上变频方式将 20 MHz 的 420 倍信号加上 10 MHz 再加上 0.5 MHz 信号就得到所需的频率信号了。当然了，需要保证器件稳定，每一步都可以分级实现，如图 2.7 所示。

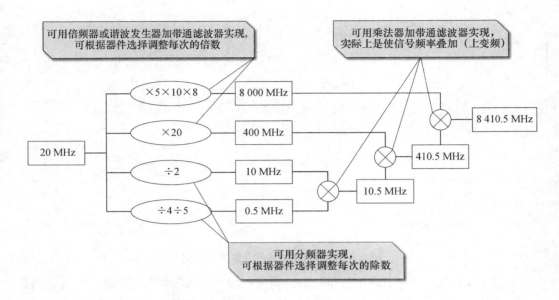

图 2.7　晶振倍频式频率合成方式的原理说明

3. DDS 技术

数字频率合成（DDS）技术实际上是随着电子技术的发展，从制作工艺角度对稳定本振或者说是频率源实现方式的革新。这种稳定本振一般是做一个芯片，只要给它施加正确的波形控制和时钟，它就会合成我们所需频率的数字信号。

在芯片内部，DDS 技术是通过时钟信号驱动一个存储着正弦波信号周期变化规律的采样数据系统来生成所需频率的正弦信号 。

最简单直接的 DDS 电路主要由如图 2.8 所示的模块组成。

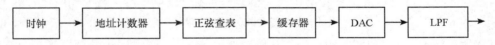

图 2.8　简单 DDS 电路主要模块

图 2.8 所示电路的工作过程即通过时钟驱动地址计数器不断增加数值，再根据地址数值在存储着正弦波信号周期变化规律的"正弦查表"中不断查找相应位置的正弦波生成数据，生成离散的正弦信号，最后经缓存器、数字模拟转换（DAC）和低通滤波器（LPF）输出。但是这种电路只能通过改变参考时钟频率或重新编程来改变频率。为使电路可以更加灵活地生成多种频率信号，可以对电路改进如图 2.9 所示。

图 2.9 所示的电路通过增加两个控制字模块使得系统的频率改变更加灵活，并通过相位来标记正弦波各点的位置和状态。此外，为减少谐波，可仔细选择时钟和输出频率，还可注入数字扰动以使量化噪声随机化。于是，DDS 内部的模块组成还可设计如图

2.10 所示。

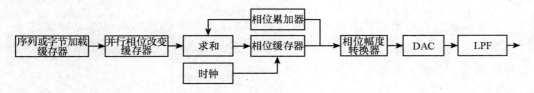

图 2.9 改进 DDS 电路主要模块

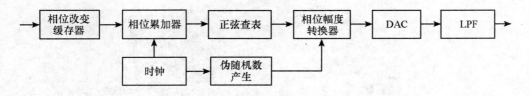

图 2.10 更加灵活的 DDS 电路主要模块

2.2.2.3 两种类型发射机的比较

这两种类型发射机最主要的差别就是"稳定"。单级振荡式发射机的性能水平有点像一个技术发挥不稳定的"运动员",有时打得好,有时打得坏,起点也时高时低;而主振放大式发射机则是训练有素的"士兵",它在正常工作的情况下都会发挥出比较稳定的水平。主振放大式发射机相对于单级振荡式发射机的主要特点是能发射相位相参信号、具有很高的频率稳定度。

当然,单级振荡式发射机也有它的优点,就是简单、经济和轻便。但是这种方式产生的波形稳定度不高,相继的射频脉冲之间的相位不相参,因而它往往不能满足采用脉冲多普勒、脉冲压缩等现代雷达技术的要求。想想雷达专家的那句话吧:雷达的原理很简单,但是在很多场合实现起来却并不容易,这么不容易的一件事如果一步到位,当然效果不会太好。不过,单级振荡式发射机还是有它的用武之地,有些对波形质量要求不高的场合还是可以的,早期的雷达基本上采用的都是这种发射机。

◎类比

雷达发射机的"产生"功能有点像演唱会上歌唱家用自己的头脑和身体合成要发出的声音,有时候是清唱(类似单机振荡式发射机),有时候是需要麦克风的配合(类似主振放大式发射机);又有点像我们表达之前用头脑或内心想好表达的方式、方法、措辞等。

◎归纳

雷达发射机可以直接产生雷达探测所需的电磁波信号(单机振荡式发射机),也可以先合成一个低功率的电磁波信号,再逐级放大(主振放大式发射机)。

◎演绎

单极振荡式，磁控管产生的高频振荡可以用高频传输线路输出为电磁波信号，用在雷达等电磁设备中；也可以将这种高频能量经微波能量输出器输出，由波导管传输到微波炉腔里加热食物，如图2.11所示。

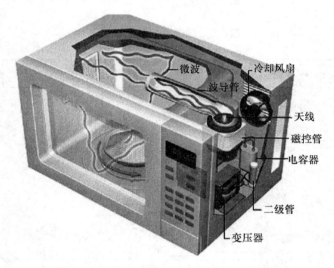

图2.11　微波炉中的磁控管

主振放大式发射机的设计思想和我们日常使用的楼梯很接近，它把自己要做的事情分成小的步骤，然后一步一步踏踏实实地做（图2.12）。这实际上和我们做事情的道理也是一致的，很多事情都不是一蹴而就的，需要我们用耐心和毅力去完成。所以，我们在前面说，雷达凝聚了许多人类的智慧，这就是其中之一。

(a)　　　　　　　　　　　　　(b)

图2.12　上楼梯与爬高墙

2.2.3 一定功率

类似手电筒照明，手电筒的功率越大，在同一时间段内可以将更多电能转化为光能，就会越亮。雷达发射机也是如此，不仅仅需要产生雷达探测所需的电磁波信号，还需要把信号放大到一定功率，因为雷达探测目标同样需要达到一定的能量积累。

不同的雷达对信号功率的要求是不同的，但总体来说，雷达发射机产生电磁波信号之后，进行功率放大都是必需的。下面分别介绍两种类型的发射机是怎样进行功率放大的。

2.2.3.1 单级振荡式发射机的功率放大

如上一小节所述，单级振荡式发射机是直接产生一个所需功率的信号，一般没有独立的功率放大模块。

2.2.3.2 主振放大式发射机的功率放大

主振放大式发射机包括主控振荡器和射频放大链两部分，其中主控振荡器是负责产生电磁波的模块，而射频放大链就是负责将信号放大到一定功率的。

常用的射频放大器件有行波管、速调管等。这里以现代雷达中常用的行波管为例，说明射频信号是如何被放大的。

行波管是将晶振等器件产生的电磁波进行功率放大的真空管器件（图2.13）。在采用行波管的发射机中，行波管是发射机的核心，所以在进行发射机设计时，要根据要求先选定行波管，再根据行波管的工作要求确定其他电路。早期的发射机工程师通常认为"有什么样的行波管就能做成什么样的发射机"，这句话充分反映了行波管在发射机中的核心地位和重要性。

(a) 行波管外形   (b) 行波管内部结构

图2.13 行波管实际设备示例

行波管有螺旋线行波管、耦合腔行波管、环杆行波管三种。在现代雷达中常用的只有前两种，其工作原理又大致相同，因而此处以螺旋线行波管为主介绍相关知识。

1. 行波管的构造

行波管由灯丝、阴极、阳极、射频输入输出装置、慢波系统（螺旋线或耦合腔）、电子束聚焦系统、收集极、外壳等部分组成。

灯丝用于阴极加热，加热后阴极可以发射电子，阳极用来控制电子束的速度。

　　螺旋线或耦合腔结构是射频信号和电子束相互作用并进行能量交换的场所，是行波管的核心部分，也叫作慢波结构（图 2.14）。为使射频信号和电子流之间能够有效地相互作用，射频信号的行进速度必须和电子流的速度相近，而电磁波沿传输线是以光速传播的，就是说需要将射频信号的相对速度降下来。螺旋线将传输线绕成螺旋形，使电磁波走了很多弯路，沿着传输线一圈一圈地前进，结果从轴向看，电磁波传播的速度减慢，所以叫慢波系统。耦合腔的"慢波"原理与螺旋线类似，只是需要根据电磁场的规律画出等效电路，感兴趣的读者可参考毛钧杰所著《微波技术与天线》和郑新所著的《雷达发射机》。

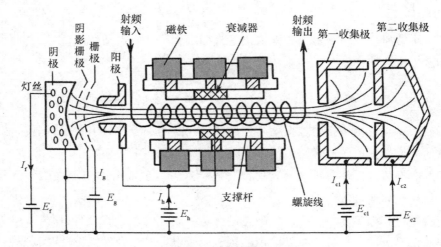

(a) 螺旋线行波管内部结构剖视图

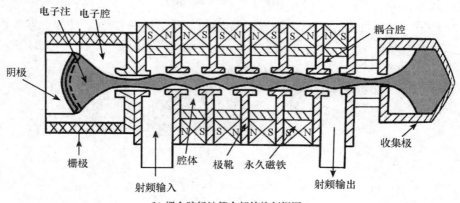

(b) 耦合腔行波管内部结构剖视图

图 2.14　行波管内部结构

　　收集极用于收集相互作用的电子。为使电子束聚焦，在慢波线外围用永久磁铁做成的磁场来对电子束聚焦；外壳把处于真空的电子枪、慢波结构和收集极封装起来，使其保持足够高的真空度。

2. 行波管如何放大射频信号

为了更形象地说明行波管内放大射频信号的过程，可以在电子束中选取三个电子作为代表，观察其与电磁场相互作用的情况。我们不妨命名为 1 号电子、2 号电子和 3 号电子（图 2.15）。

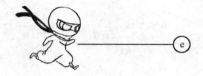

图 2.15　电子的代表

在慢波系统中建立的电磁场是一个行波场，设行波场的相速是 v_p，在电子流前进方向建立起的轴向电场是交变电场，这个交变电场就有正有负，电子在电场为负的区域会加速，所以叫加速场区域；在电场为正的区域会减速，所以叫减速场区域。

设电子流内各电子行进速度为 v_0：

如果 $v_p = v_0$，则在某一瞬间不同相位上的电子受力情况可以用 1、2、3 号电子为例进行说明。1 号电子处在射频场为正向电场的相位上；2 号电子处在射频场为 0 的相位上，由于 $v_p = v_0$，它就始终处在这个相位位置上；3 号电子处在射频场为负向电场的相位上。在电子运动过程中，将发生以 2 号电子为群居中心的群聚现象，1 号和 3 号电子将向 2 号电子靠拢，均匀的电子流变成不均匀的电子流，即为密度受调制的电子流（图 2.16）。

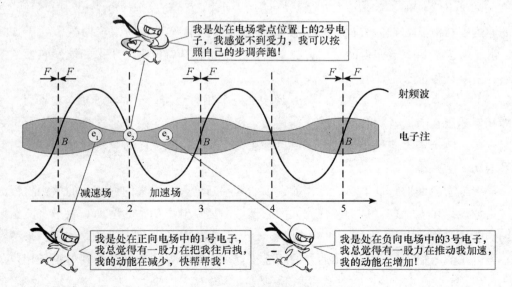

图 2.16　电子的群聚过程示意图

注：B 表示电子群聚点。

同理，如果电磁场的相速小于电子束行进的速度即 $v_p < v_0$，会发生如图 2.17 所示的情况。

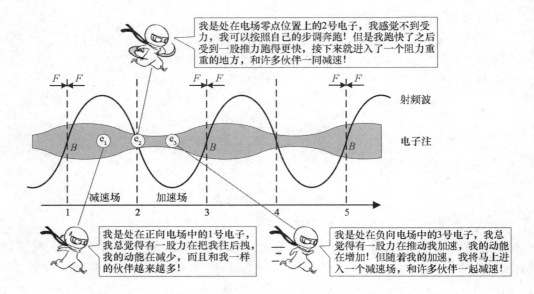

图 2.17　电子与射频场能量交换的过程示意图

注：B 表示电子群聚点。

由上述分析可以推导出以下结论：

（1）当 $v_p = v_0$ 时，电子获得的能量等于电子失去的能量，电磁场和电子束之间无净能量交换。

（2）当 $v_p < v_0$ 时，除群聚效应外，还增加一个相对运动，全部电子相对电场以 $v_0 - v_p$ 的速度在行波管的轴向方向运动，使群聚中心移至射频减速场，较少电子处于加速场，电子失去能量大于获得能量，有能量交换，电子把从直流电源获得的能量转换给射频场，射频信号的功率被放大。

（3）当 $v_p > v_0$ 时，除群聚效应外，还增加一个相对运动，全部电子相对电场以 $v_p - v_0$ 的相对速度在行波管的轴向方向反向运动，使群聚中心移至射频加速场，较少电子处于减速场，电子失去能量小于获得能量，有能量交换，电子流从射频场吸收能量，射频信号的功率被减小。

随着电子流和射频场不断前进，射频场振幅不断增大，增大的射频场的振幅将慢波线按指数规律增大，这就是行波管放大的原理。但随着输出功率的增加，电子流交给射频场的能量增加，电子流的速度越来越慢，因而，密集电子群在减速场的位置越来越滞后。当电子流的速度慢到和射频信号的相速相等，电子群聚中心已经退到射频场相位为 0 的位置，能量停止交换。也就是说，射频信号不可能一直放大下去，这就是行波管的工作特性，它对信号放大的规律类似对数曲线描述的放大过程。

◎**类比**

雷达发射机的"一定功率"功能有点像演唱会上歌唱家根据场景的需要"控制"自己声音的"发射功率",有时候是清唱(只依靠自身合成的能量,类似单机振荡式发射机),有时候是加上麦克风(对自身合成的能量进一步放大,类似主振放大式发射机);又有点像我们表达时控制自己的音量(有时候需要放声大喊,有时候需要低语轻吟)……

◎**归纳**

雷达发射机除了要产生雷达探测所需的电磁波信号,还需要控制这一信号的强度,有时仅依靠单一器件产生的能量(单机振荡式发射机),也可以增加功率放大器逐级放大(主振放大式发射机)。

◎**演绎**

发射机的"一定功率"功能与其使用维护过程中的注意事项联系非常紧密,可以以行波管的工作原理为例,说明行波管为什么具有高热、真空、高压等特点,进而推演一下雷达发射机使用维护规程、设计时需考虑的相关辅助功能等。

2.2.4 载波受调制——脉冲调制器

早期的连续波雷达是连续向外部辐射电磁波信号,因而不需要调制,现代雷达一般都采用脉冲技术,因而雷达不是产生了高频电磁波信号就直接发射出去,而是要加工处理一下,这就是通常所说的"载波受调制"。

2.2.4.1 脉冲

脉冲通常指电子技术中经常运用的像脉搏似的短暂起伏的电冲击,主要特征有波形、宽度、幅度和重复频率,是相对于连续波信号在整个信号周期内短时间发生的信号(图2.18)。在雷达中使用的脉冲信号一般指方波信号。

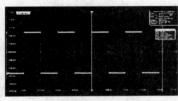
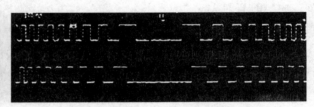

(a) 规则方波脉冲信号的波形示例　　(b) 方波脉冲信号的波形示例(脉冲宽度不等)

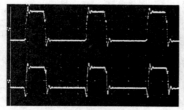

(c) 略带毛刺的脉冲信号波形示例　　　　　(d) 触发脉冲波形示例

图2.18　脉冲信号示例

在雷达中，脉冲信号既可作为时钟信号，也可作为载波调制信号，即为对载波进行调制的开关信号，只有在脉冲持续期间的载波信号才被"取"出使用（图2.19）。

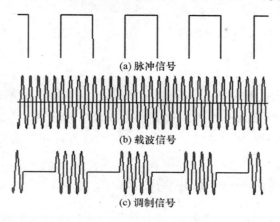

(a) 脉冲信号

(b) 载波信号

(c) 调制信号

图2.19　雷达中的脉冲调制

2.2.4.2　为何采用脉冲工作（即载波至少受脉冲调制）

最典型的例子是机载雷达为收发共用一个天线而采用了脉冲体制。因为发射机和接收机共用一个天线，所以两者要交替工作，发射机产生电磁波信号之后，交给天线辐射出去，天线完成任务后就转到接收状态，准备接收目标的反射回波，接下来再进入下一个"发射－接收"的周期循环，因而采用方波脉冲信号调制，发射机产生的信号不再连续，而是时有时无。

雷达采用脉冲工作还可以简化测距，连续波雷达对目标距离的测量精度是比较低的，如果采用脉冲工作，就可以采用脉冲延迟测距法（请参见本书第3章距离测量部分），使得测距精度大大提高，计量方法也较连续波测距简便。

此外，雷达采用脉冲工作还有一个附加的优势就是可以减小被发现的概率。从雷达对抗的角度看，如果雷达一直向外辐射信号，其被发现继而被干扰或摧毁的概率非常大，采用脉冲工作，尤其是采用复杂的脉冲调制之后，雷达信号被侦收的概率可以大大降低，从而可以提高雷达的生存能力和抗干扰能力。

2.2.4.3　如何采用脉冲工作

可以想见，连续波雷达工作时只需要把发射机产生的信号直接传输到天线就完成任务了，如果想让雷达采用脉冲工作，就需要产生脉冲信号并能将脉冲信号与射频电磁波信号"合成"，从而把射频信号以射频脉冲串的形式发射出去，因此，发射机中需增加一个电路模块控制脉冲的形成，在实际设备中，这一模块被称为脉冲调制器。

脉冲调制器的功能就是要给发射机的射频各级提供合适的调制脉冲。实际上就类似我们日常生活中使用的开关，使得发射机产生时有时无的射频信号。

于是可以得出一个如图 2.20 所示的简单的脉冲调制器的电路框图。

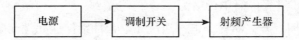

图 2.20　简单的脉冲调制器的电路框图

聪明的读者，请您想一想，这个电路是不是能实现我们要实现的功能？实现的效果又如何呢？是不是电源一直在工作，而电能只有一部分被利用？另外，是不是射频产生器需要多大电压，电源就需要提供多大电压？

所以这一电路的缺陷可以概括为两点：

一是电源利用率低，这个利用率由脉冲的工作比决定；

二是对电源的要求太高，真空电子管对电压的要求一般很高，磁控管为 5.5 kV，行波管一般是 14 kV，所以这个电路是不大实用的。

如何克服它的缺点呢？试想，如果在脉冲间歇期内将电源能量储存起来，而在脉冲持续期内将储能释放，不就可以克服上述缺点了吗？

所以这个电路需要增加两个元件：充电元件和储能元件（图 2.21）。

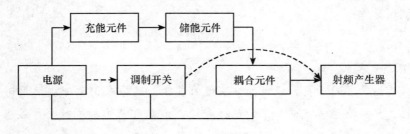

图 2.21　脉冲调制器的电路框图

这里电源部分的作用是把初级电源（例如 220 V 交流电）变换成符合要求的直流电源（在某些特殊情况下也可能是变换成符合要求的交流电源）。

充电元件的作用是控制充电电流的变化，使储能元件按照一定方式充电，放电时隔离高压电源的连接，避免高压电源过载。

储能元件的作用是为了降低对于电源部分的高峰值功率要求。在脉冲间歇期，存储电源提供的能量；在脉冲持续期，向负载释放能量。常用的储能元件有电容器和人工长线（或称仿真线）。

调制开关需要在触发脉冲的作用下，控制储能元件的充放电，这实际控制的是脉冲形成，以提供电压、功率、脉冲宽度及脉冲波形等参数都满足要求的视频脉冲。常用的开关元件有真空三（四）级管、氢闸流管、半导体开天元件（可控硅元件）和具有非线性电感的磁开关等。

耦合元件可进行阻抗变换，使负载阻抗与储能元件匹配，改变调制脉冲的幅度与极性，以满足发射管负载的要求，同时降低开关管和电源的要求。

这一电路的工作过程可简单概括为：

（1）脉冲间歇期，开关断开，电源通过充电元件给储能元件充电；

（2）脉冲持续期，开关接通，储能元件通过开关向负载放电，将能量传送到负载。

有关调制器的方案选择和电路细节可参考郑新的《雷达发射机》。

◎类比

同一首歌曲用不同的节奏、韵律、感情唱出来时，表达的效果是不同的。脉冲调制所做的工作与此有点类似，它避免了雷达天线辐射电磁波时的"平铺直叙"，而是加点节奏、加点停歇，甚至可以加点花样；同理，同一句话也可以用不同的语气、音量和感情来表达，我们也在不自觉地"调制"自己的声音。

◎归纳

雷达可能会为收发共用天线、简化测距或抗干扰而采用脉冲工作体制，此时需在设备中增加脉冲调制器来给发射机的射频各级提供合适的调制脉冲。脉冲调制器可有多种设计方案，但总体组成器件的功能是类似的，不同的设计方案会形成不同类型的调制脉冲。

◎演绎

如何改善脉冲工作？

现代雷达为了抗干扰，调制的方法更为复杂，就像我们玩球类运动时的发球或传球一样，可以有很多花样，谁的花样奇特，谁就更容易骗过对手，赢得主动。举两个例子来说，可以发射线性调频信号，这种信号在发射周期内，频率在一定范围内线性变化；另一种常用的是相位编码信号，这种信号在发射中，相位按照某一设定的规律变化，以便在接收时进行压缩处理。有关这两种信号，我们将在第4章脉冲压缩部分详细介绍。

此外，为改善脉冲工作的信号检测效果，还可进行脉冲积累。脉冲积累技术在本书第4章脉冲积累部分介绍。

2.2.5 发射机组成

根据发射机的功能，就可以分析出发射机的基本组成。

首先，需要一个产生电磁波的装置，可以称为电磁波产生器、射频产生装置或振荡器；其次，信号需要一定功率，如果产生的功率不够，就需要放大，这个功能由"功率放大器"来实现；最后，如果雷达采用脉冲体制，还需要起到脉冲调制作用的装置，此功能由"脉冲调制器"实现（图 2.22）。

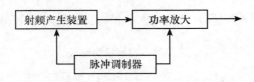

图 2.22　发射机的基本组成

于是，雷达发射机具体基本功能模块可以包括：射频产生装置、功率放大器、脉冲调制器。在实际设备中，可以想见还需要电子设备离不开的电源；此外，鉴于雷达发射机产生的是高频电磁波信号，一般功率也不小，所以还需要辅助电路，协助发射机安全可靠地工作，并保护制造维护人员的人身安全（图 2.23）。其中，控制保护电路的主要功能是：（1）提供顺序启动和联锁；（2）过流保护；（3）高压自动切换与接合；（4）保护人身安全，在实际设备中被称为"控制保护电路"。

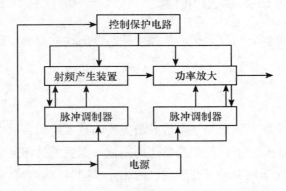

图 2.23　发射机的组成

以上是根据发射机功能分析发射机的组成模块，两种基本类型的发射机在具体构建上又有所区别（图 2.24）。单级振荡式采用直截了当的解决方式，射频产生器直接产生所需功率的信号，因而省略了功率放大器；主振放大式发射机的射频产生装置可命名为"主控振荡器"，而功率放大模块可命名为"射频放大链"，"射频放大链"可分级实现，于是需增加脉冲调制器的数目。

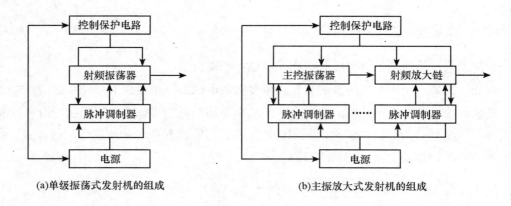

(a)单级振荡式发射机的组成　　　　　(b)主振放大式发射机的组成

图 2.24　发射机的组成

此外，发射机是高频电磁波信号的产生场所，为了产生信号的稳定和纯净，其传输线路上会分布相当数量的均衡器（补偿信号衰减、减小信号畸变）、隔离器（隔离信号，防止电磁干扰）等微波器件。

在实际设备中，发射机有两种实现方式：真空管式发射机、固态发射机。早期的真空管式发射机一般采用磁控管（单极振荡式），后来发展为晶振加行波管；固态发射机主要是微波单片集成电路和微波网络技术结合的产物，器件集成度高使得微波器件之间的连接变得非常可靠。

2.2.6　发射机的主要质量指标

根据雷达的用途不同，对发射机需提出一些具体的技术要求，也就是要为发射机规定一些主要的质量指标。

2.2.6.1　工作频率或波段

发射机的工作频率是发射机最基本也是最重要的技术指标，工作频率的选择对其他指标都有很大影响。工作频率一般依据雷达的用途和探测的目标类型等因素选定。一旦选定，整部雷达都会在选定频段上开展自己的工作，同时，也会影响该雷达与其他电磁设备协同工作时的表现。为了提高雷达系统的工作性能和抗干扰能力，有时还要求它能在几个频率上跳变工作或同时工作。

2.2.6.2　信号形式（调制形式）

根据雷达体制的不同，可选用各种各样的信号形式，雷达信号形式的不同对发射机的射频部分和调制器的要求也各不相同（图 2.25）。

信号形式决定了发射机产生何种信号向外辐射。此外，对于雷达抗干扰来讲，雷达的信号形式越复杂多变越好。

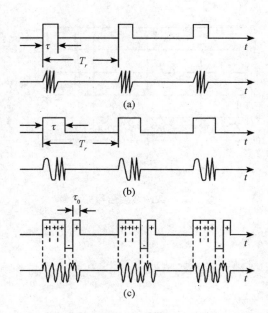

图 2.25　雷达发射机产生的典型信号形式

2.2.6.3　信号的稳定度或频谱纯度

信号的稳定度是指信号的各项参数，例如信号的振幅、频率（或相位）、脉冲宽度及脉冲重复频率等是否随时间做不应有的变化。后面将会分析到，雷达信号的任何不稳定都会给雷达整机性能带来不利的影响。

实际上，由于发射机各部分的不完善，发射信号会在理想的梳齿状谱线之外产生寄生输出。存在两种类型的寄生输出：一类是离散的，一类是分布的。前者相应于信号的规律性不稳定，后者相应于信号的随机性不稳定。举例来说，在实际中有时会遇到这样的问题：雷达开机，发现显示器画面上杂波增多，如果从发射机角度分析原因，很可能是频谱纯度不够（图 2.26 和图 2.27）。

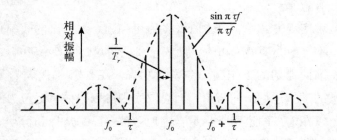

图 2.26　矩形射频脉冲列的理想频谱

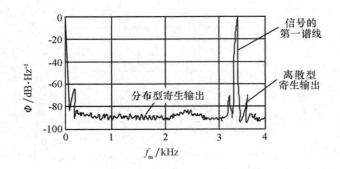

图 2.27　实际发射信号的频谱

2.2.6.4　输出功率

发射机的输出功率直接影响雷达的威力和抗干扰能力。通常规定发射机送至天线输入端的功率为发射机的输出功率。

连续波雷达是不停地辐射电磁波，所以单位时间可以做的功少一点，功率一般有几十瓦就够了；而脉冲雷达在发射时最高的功率可以达到几千瓦，甚至几兆瓦。也就是说，脉冲雷达干一会歇一会，为了完成同样的工作量，效率就需要高一点，否则它就完不成所需的能量积累。

这一点有点类似于砍树，连续波雷达类似于用锯子锯，持续输出，脉冲雷达类似于用斧子砍，一下一下的。

无论哪种方式，只有"总功"达到一定程度，雷达才有可能达到一定的探测距离。

2.2.6.5　总效率

发射机的总效率是指发射机的输出功率与它的输入总功率之比。因为发射机通常在整机中是最耗电和最需要冷却的部分，有高的总效率，不仅可以省电，而且对于减轻整机的体积重量也很有意义。

在发射机的两种实现方式中，真空管式发射机和固态发射机的效率是不一样的。真空管式发射机的效率一般是 20%~40%，而固态发射机可达 80%~90%。

在此可以联系前面提到的工作频率和发射功率。工作频率代表的是雷达的一种选择，发射功率衡量的是雷达付出的努力，而总效率则可以评估雷达努力的回报。通过这三项指标，雷达可以在前进的道路上尽量合理地调整自己的选择和行动。

雷达对脉冲调制器的技术要求是产生一定电压、一定电流、一定重复频率、一定宽度的脉冲，而且脉冲前沿、脉冲后沿、脉冲顶降及顶部波动、脉间幅度稳定度、时间稳定度、负载阻抗都需要达到一定要求。

发射机的脉冲调制有点类似于我们的工作节奏，即何时开始工作？工作多久？中间的间歇期多长？每次从准备好到进入工作状态需要多久？从工作到停止工作需要怎样的后续处理？我们的节拍是否稳定？……

除了上述对发射机的主要电性能要求外，还有结构、使用及其他方面的要求。就结构方面看，应考虑发射机的体积重、通风散热、防震防潮及调整调谐等问题。就使用方面看，应考虑便于控制监视、便于检查维修、保证安全可靠等。由于发射机往往是雷达系统中最昂贵的一部分，所以还应考虑它的经济性。因此，实际使用中，还可对发射机提出更多的质量指标。

2.2.7　发射机的功能演化

发射机的演变方式一：

现代雷达一般把主控振荡器单独做成一个模块，通常可称为"频率源"，由于其具有低功率特性，又通常将这一模块与接收机安装在一个机箱中。

发射机的演变方式二：

自从相控阵体制的雷达产生后，雷达发射机开始不作为单独的雷达基本组成模块出现了，而是被转化为雷达天线的一部分，并与接收机的部分功能进行组合，典型器件即为 T/R 组件。有关相控阵雷达的详细解读，请参见本书第 4 章相控阵雷达部分。

拓展阅读：在实际应用中，还有一些对发射机的性能影响较大的因素：

（1）发射机电源，常用的发射机电源有 9 种，电源的电流、电压检测及过欠保护都很重要；

（2）发射机系统的监控与可靠性，主要是对开关机顺序、工作状态、电压电流、各分系统状态等的监控和可靠性保障；

（3）发射机冷却，可采用自然冷却、强迫风冷、强迫液冷、蒸发冷却等方法，由于发射机是高热器件，因此温度调节非常重要；

（4）电磁兼容，由于发射机是产生高频电磁波的装置，系统内部及与其他电子系统的电磁兼容在很大程度上影响着发射机能否顺利完成任务并与周围和谐相处。

以上问题具体可参考郑新的《雷达发射机》，该书对发射机的特种元件及发射机技术参数测试等有关雷达发射机的更多细节问题也做了具体介绍。

此外，张明友的《数字阵列雷达和软件化雷达》中有对雷达数字发射机和相干应答器的展开论述，感兴趣的读者可以进一步阅读。

2.3　接收机

根据雷达探测的基本原理，雷达需要向外部空间辐射电磁波并接收目标的回波信号。前面介绍的发射机主要负责产生雷达探测所需的电磁波信号，而处理回波信号的任务主要由雷达接收机来完成。在这里，让我们按照从外向内的顺序观察接收机，一步步分析接收机的功能、组成和工作原理。本节主要内容如图2.28。

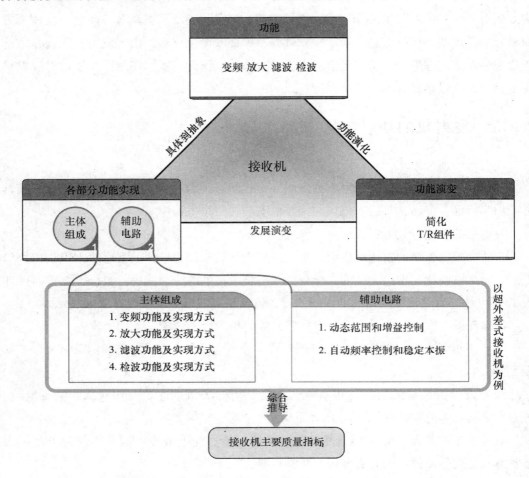

图2.28 2.3节内容的思维导图

2.3.1 功能分析

理解接收机的功能，可以先将接收机看作一个整体，先看它的输入输出，推理一下中间需要对信号采取什么样的处理过程？图2.29所示为接收机输入输出的基本过程。

首先，接收机输入的是高频回波信号，输出的目标是便于分析的视频信号，因此，接收机需要将信号变频，即将接收信号从高频变到视频。

其次，接收机输入的回波信号因为两倍的路程衰减，信号一般比较微弱，于是为使雷达看得更清楚，需要对信号进行放大，即将微弱的回波信号放大以便后续的处理和显示。

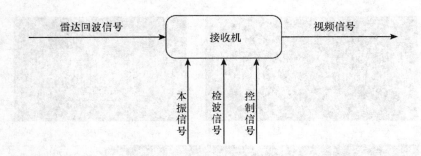

图 2.29　接收机输入和输出

接着，接收机需要有选择性地接收信号，类似于收音机的调频和电视的选台，所以接收机还需要雷达为其提供频率基准（即通常所说的本振信号），以便接收机有目标地滤除无用信号，即滤波。

最后，接收机最终输出的信号一般是经过进一步检波（检测）形成的，即将目标回波的视频信号提取处理，以获取目标的相关信息。

可以说，整个接收机对信号的接收处理是围绕频率展开的，核心内容就是提取与雷达辐射信号的频率一致的信号，并抑制掉其他信号。

此外，接收机的工作对象相较发射机而言要繁杂得多，因为发射机的输入输出信号是可以通过设备来控制的，基本都是我们需要的信号，而接收机要处理的信号不可避免地包含许多噪声、干扰和杂波。

接收机面临的噪声、干扰和杂波：

（1）外部噪声——由天线进入的各种外界干扰产生，如天线热噪声、雷电等天电干扰、银河系辐射等宇宙干扰、人为干扰等；

（2）内部噪声——由接收机内部器件或线路产生；

（3）杂波——通常被定义为不需要的反射源产生的反射回波或者除感兴趣的目标以外的其他物体的雷达散射回波。杂波会干扰雷达的工作，可以分为地杂波、海杂波和气象杂波三类。

一般情况下，接收机噪声主要来自电阻噪声、器件噪声、天线热噪声，当存在一些附加情况，如雷电、太阳风等时再加上天电干扰和宇宙干扰，人为干扰在雷达对抗中是普遍存在的。

系统内部设计产生的或者作为目标接收的一般被称为信号，而其余的信号统称为噪声。噪声一般是那些没有规律、杂乱无章的信号，图 2.30 给出了一些典型噪声信号的例子。

实际应用中，可以说噪声和目标信号是相对立的，不想要的就是噪声，想要的就是目标信号。每部雷达都有自己的目标信号，除了目标信号之外，不管是内部产生的，还是外部进入的，都是噪声。

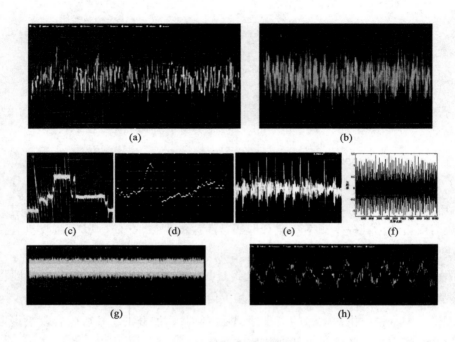

图 2.30　噪声信号示例

一般情况下，噪声的来源被分为内部和外部两种。内部噪声主要是由于电路设计、制造工艺等因素，由元器件、电路本身的设计失误或者安装工艺上的缺陷产生的固有噪声。电路中几乎所有的元器件在工作时都会产生噪声。在一个串联系统中，一个设备模块的噪声会进入下一级的设备模块中被放大，所以系统最后的噪声是系统中所有设备噪声的累加。

外部噪声是由设备所在的电子环境和物理化学环境（自然环境）所造成的，通常被称为"干扰"，这种干扰可能是电磁干扰、空间辐射干扰、机械振动干扰、线路串扰，也可能来自温度变化和传输路线的干扰……总之，都不是器件自身产生的。

◎类比

接收机将天线上接收到的微弱目标回波信号从伴随的噪声和干扰中提取出来，通过适当的滤波，并经过放大和检波，送到信号处理器、显示器或由计算机控制的雷达终端设备中。这种功能与我们生活中日常使用的收音机和电视机是非常相似的。

◎归纳

雷达接收机的主要功能是从外界接收目标的回波信号，并完成对信号的变频、放大、滤波和检波。由于从外界接收的信号不可避免地混杂着各种噪声、干扰，接收机还需要具备一定的抑制噪声、滤除干扰的功能。

◎演绎

接收机噪声分为内部噪声和外部噪声，说明接收机面临的干扰形式是非常复杂的，既要面临外界的干扰，又要抑制"内心的困惑"，因为内部的各种电子器件和线路也会在传输、处理信号的过程中产生噪声。

接收机和我们每个人从外界接收信号的过程也有类似，人的大脑天生有一种选择性注意机制，这种机制一方面使我们可以专注于某一件自己感兴趣的事情；另一方面也可以使我们忽略许多外在的信息。据科学统计数据估算，一个人每天留意到的信息量仅占外界信息总量的很小一部分，心理学上被称为"选择性注意"，这就类似于接收机的"有选择性地接收信号"。人脑从外界接收到自己留意的"目标"信号之后，同样需要进行处理，转化为自身的理解，提取出自己想要的信号，类似于接收机的"变频"和"放大"；最后检测出目标信息，类似接收机的"检波"。这个过程可能会形成客观准确的认识，也可能形成对外界信息的偏见和误解，所以了解这些内部机制和过程后，我们需要在成长中不断改善自己的接收机制，提升自己的心智和全面看问题的能力。

2.3.2 功能分解

雷达接收机可以按应用、设计、功能和结构等多种方式来分类。但是，一般可以将雷达接收机分为超外差式、超再生式、晶体视放式和调谐高频（TRF）式四种类型。其中，超外差式雷达接收机具有灵敏度高、增益高、选择性好和适用性广等优点，在多数雷达和电子设备接收系统中都获得实际应用。因此，本节主要讨论超外差式雷达接收机的组成和工作原理。

2.3.2.1 主体功能

从理论上讲，根据接收机的功能，就可以推断出其组成包括选频模块、变频器、放大器、滤波器（检波器）等，但在实际的电磁设备中，这些功能是无法通过集中一个模块完成的，通常需要分级分步骤地进行，而且需要一些辅助电路，协助主模块完成相应功能。

鉴于接收机的功能是围绕频率展开的，我们也可以把它的组成按频率高低划分。

1. 变频功能

接收机完成变频功能的模块位于接收机的高频部分，也被称为接收前端，这部分的主要功能是下变频；具体的执行器件为混频器加滤波器；原理可以用数学上的如式 2.1 和式 2.2 所示的三角函数积化和差公式来解释。即：

$$\cos\alpha \cdot \cos\beta = \frac{1}{2}\left[\cos\left(\alpha+\beta\right) + \cos\left(\alpha-\beta\right)\right] \tag{2.1}$$

$$\cos(2\pi f_1 t) \cdot \cos(\pi f_2 t) = \frac{1}{2}\left[\cos 2\pi(f_1+f_2)t + \cos 2\pi(f_1-f_2)t\right] \qquad (2.2)$$

式 2.2 中，$2\pi f_1 t$ 表示频率为 f_1 的射频信号，$2\pi f_2 t$ 表示频率为 f_2 的射频信号，2π (f_1+f_2) t 表示频率为 f_1+f_2 的射频信号，2π (f_1-f_2) t 表示频率为 f_1-f_2 的射频信号。

具体实现时，采用的混频器实际上是个乘法器，即把回波信号与本振信号相乘，得到频率为两路信号频率之和的和频信号与频率为两路信号频率之差的差频信号。

在乘法器之后，增加一个低通滤波器件，就可以把频率被降低的差频信号提取出来，达到变频的目的，因为是将频率变低，所以也称为下变频。

接收机高频部分组成上以混频器加滤波器为主，辅助有接收机保护器（防止外界强信号损坏接收机）、低噪声放大器等（图 2.31 和图 2.32）。

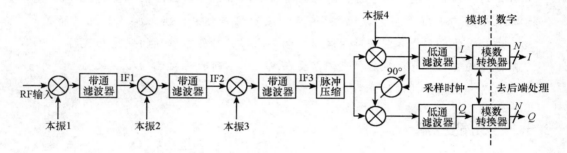

图 2.31　早期典型接收机前端设计

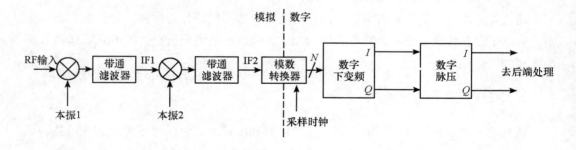

图 2.32　典型数字接收机前端

2. 放大功能/滤波功能

与前面介绍的主振放大式发射机的设计思路一样，接收机的放大功能和滤波功能是遍布接收机各级模块的，即使是各模块内部也分布着放大器、滤波器和隔离器等器件，以便步步为营，稳步处理。比如，前面提到的高频部分，虽然主要功能是变频，但还是有低通滤波器、低噪声放大器等元器件。

负责滤波功能的主要模块位于接收机的中频部分，这部分的主要功能是提高信噪比。具体执行器件为匹配滤波器或相关放大器，这类器件输入的是回波信号与噪声，输出信号是被增强了的回波信号加上被抑制的噪声（图 2.33）。

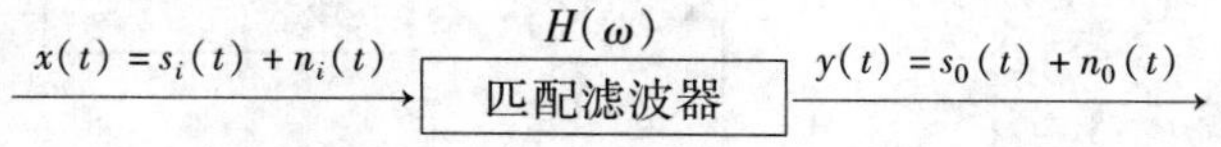

$$x(t) = s_i(t) + n_i(t)$$

$H(\omega)$
匹配滤波器

$$y(t) = s_0(t) + n_0(t)$$

图2.33 匹配滤波器

或者说，接收机中的匹配滤波器或相关放大器类似于根据雷达发射信号的样子设计成的一个模板，当输入信号与这个模板相似度越大时，会得到幅度越大的响应，输出信号的幅度也越大。其工作原理有点像我们在日常生活中找东西一样，首先是有一个目标物体，比如一支笔，然后我们就会根据头脑中要找的这支笔的影像去寻找，当看到要找的这支笔的时候，我们的大脑会抑制掉其他物体在大脑中的关注度，而使得这支笔出现时得到最大的"响应"，于是就更容易找到这支笔。

3. 检波功能

检波功能模块位于接收机的视频检波部分，主要功能是检测输入信号在各时刻的幅度、相位等信息。目前主要有三种方法实现：第一种被称为包络检波，通过检测频率降低到视频的信号的包络幅度来判断目标信号是否出现；第二种是相位检波，不仅仅检测输出信号的幅度，还会检测输出回波信号与基准信号的相位差；第三种是正交鉴相，也称为零中频正交双通道处理、相干接收、相干检波或 IQ 检波，这种方法是将回波信号分成两路信号，一路保持相位不变（I 路信号），另一路移相90°之后输出（Q 路信号），因此两路信号是正交的，最后用两路信号幅度的平方和的算术平方根（$\sqrt{I^2 + Q^2}$）作为输出信号的幅度，用 IQ 信号比值的反正切（arctan（Q/I））作为输出信号的相位。

早期雷达多采用包络检波，现代雷达多采用正交鉴相，因为正交鉴相用两路信号检测信号幅度，有利于提高信噪比，而且可以部分克服盲相（图2.34 和图2.35，本书第3 章中将会展开说明）。

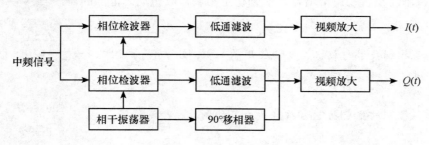

图2.34 模拟正交鉴相原理方框图

2.3.2.2 辅助电路

俗话说"一个好汉三个帮"，接收机也不例外。其辅助电路主要可以分为两大类：第一类是用来调节信号强度的，被称作增益控制；第二类是控制频率稳定的，被称为稳定本振。

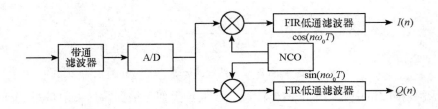

图 2.35　低通滤波法实现 I/Q 分离原理图

无论是发射机还是接收机都需要一个频率基准，这个频率基准就像我们日常走的楼梯一样，发射前，一级一级地上去，然后发射，接收时，再一级一级地下来。鉴于接收机的稳定本振与发射机的射频产生功能是一致的，所以现代雷达都是采用发射机与接收机共用一个频率源的做法。稳定本振实现的方法和原理已经在本章发射机的"产生"部分介绍了。下面介绍接收机的动态范围和增益控制。

1. 基本概念

接收机接收信号是有范围的，正如每个人只能理解世界的一部分；也正如股神巴菲特也小心翼翼地守护自己的边界（尽量做自己熟悉领域的股票）一样。接收机正常工作时输入信号的强度范围被称为接收机的"动态范围"。在电路与系统中，动态范围意味着：（1）其输入幅度的最小增量变化将输出产生可识别的改变；（2）输入不致使输出饱和时，所具有的最大峰峰幅度值。

增益是指将信号放大的倍数，从字面上理解，也就是有所增加、有所助益。

《孟子·告子下》中的"天将降大任于斯人也，必先苦其心志，劳其筋骨，饿其体肤，空乏其身，行拂乱其所为，所以动心忍性，增益其所不能"。这里的"增益"也是有所增加、有所助益的意思。这可能是史上有关"增益"一词较早的使用和记载吧！

增益控制就是自动调节增益，达到稳定拓展接收机动态范围的作用。

◎ 类比

增益控制技术与相机、电视使用的 HDR 技术有异曲同工之妙。

◎ 归纳

增益控制的主要功能可以概括为自动调节、控制稳定。

◎ 演绎

增益控制又与儒学中的中庸之道有相通之处，增益是否是越大越好呢？雷达接收机遇到的实际问题说明，增益也需要适度，最好能随信号强度变化而变化，所以雷达设备内部对信号的放大器件都伴有增益控制电路。

常见问题

（1）如果接收机输入信号超过动态范围会怎样呢？

可能会发生检测不到、饱和、过载等，如果接收前端保护措施不够，还可能烧坏接收机。

（2）增益控制可能怎样扩展接收机的动态范围呢？

一般而言，接收机设计定型之后，它所能接收到的最弱信号就已经确定了，拓展接收机的动态范围主要是增大其"上界"，即使其可以处理更强的信号。

（3）接收机中可以扩大动态范围的辅助电路有哪些呢？

自动增益控制（AGC）、瞬时自动增益控制（IAGC）、灵敏度时间控制（STC）、对数放大器等，这些电路的最终效果都是扩大了动态范围，但目的完全不同。

2. 效果示例

一般雷达都有增益控制，具体做法就是使雷达内部的信号放大器调节增益使之遇强则弱、遇弱则强。可以观察一下接收机处理各阶段信号的幅度变化，看看接收机的增益控制是否有点像乐队指挥舞动的指挥棒？它使得信号起起伏伏，在接收机内部"演奏"出一曲和谐的乐章（图 2.36）。

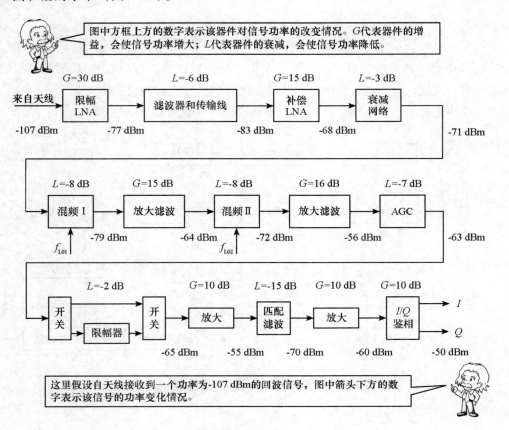

图 2.36　接收机增益和信号电平关系示意图

3. 三种基本方法及电路实现

自动增益控制（AGC）：

（1）作用：防过载、补偿、平衡。

（2）组成：低通滤波器 + 峰值检波器。

（3）原理：负反馈。

AGC 的一般组成实际构成了一个负反馈电路，即当峰值检波器检测到强信号时就会给放大器一个反馈信号，提醒其降低放大倍数甚至不放大（图 2.37）。

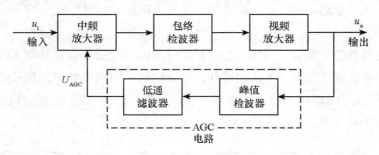

图 2.37　一种简单的 AGC 电路方框图

AGC 还有一种实现方式——选通一个稳定的测试信号，可用 AGC 补偿接收机的不稳定因素。例如，选用接收机噪声作为基准信号起到稳定接收机作用。

单脉冲雷达中选通和路信号，AGC 使角误差归一化（图 2.38）。

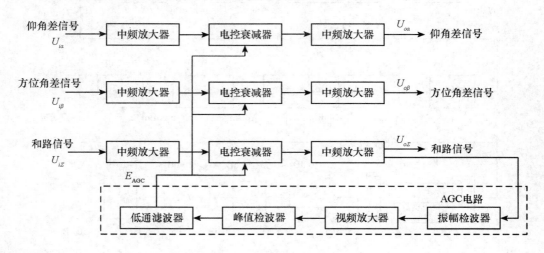

图 2.38　单脉冲雷达接收机 AGC 组成方框图

瞬时自动增益控制（IAGC）：

（1）作用：使中频放大器抗过载、抗宽脉冲干扰。

（2）组成：检波器、放大器、小时常数电路。

（3）原理：RC 电路（电容/电感电路）。

这是一种有效的中频放大器的抗过载电路，它能够防止由于等幅波干扰、宽脉冲干扰和低频调幅波干扰等引起的中频放大器过载（图 2.39）。

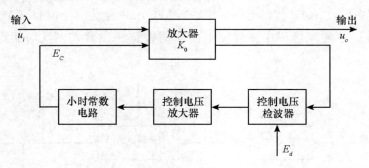

图 2.39 中频放大器抗过载电路

瞬时自动增益控制电路和一般的 AGC 电路原理相似，只是加上了一个 RC 电路，控制电路的反应时间，也是利用负反馈原理将输出电压检波后控制中放级，自动地调整放大器的增益。电路的时常数选择：保证在干扰电压持续期间，迅速建立起控制电压；由于在目标信号宽度内控制电压来不及建立，该电路可维持目标回波增益不变。

灵敏度时间控制（STC）：

（1）作用：防止近程杂波干扰。

（2）组成：反对数放大器。

（3）原理：控制增益大小随距离增大而增大。

灵敏度时间控制又称为近程增益控制，可以加到高频放大器和前置中频放大器中。杂波干扰（如海浪杂波和地物杂波干扰等）主要出现在近距离，干扰功率随着距离的增加而相对减小。灵敏度时间控制的基本原理是：当发射机每次发射信号之后，接收机产生一个与干扰功率随时间的变化规律相"匹配"的控制电压。灵敏度时间控制使接收机的增益在雷达发射电磁波之后，按规律随时间而增加，以避免近距离的强回波使接收机过载饱和（图 2.40）。简单来说就是对近距离回波放大倍数小，对远距离回波放大倍数大。

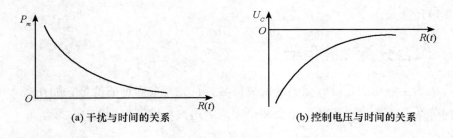

(a) 干扰与时间的关系 (b) 控制电压与时间的关系

图 2.40 杂波干扰功率及控制电压与时间的关系

总体来说，接收机通过这些辅助电路使自己的性能稳定，能力扩展。

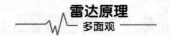

反馈控制电路：

反馈控制电路是雷达设备中的常用电路，主要为改善电子设备性能，如接收机中的自动增益控制电路（AGC）、自动频率控制（AFC）和自动相位控制（APC 或 PLL，也称锁相环）等。在实际应用中，具体电路均需根据功能调整，其通用电路如图 2.41 所示。

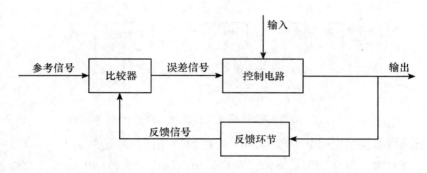

图 2.41　反馈控制电路

图 2.41 所示的反馈控制电路的控制原理如下：

（1）参考信号不变，输出发生改变，误差信号改变，控制电路控制输出偏离稳态值幅度变小；

（2）参考信号变化，即使输入信号和控制电路没有变化，误差信号也会变化，电路自动调整。

由于反馈控制的作用，较大的参考信号变化和输出信号变化，只引起小的误差信号变化。欲得此结果，需满足两个条件：一是反馈信号变化的方向和参考信号一致；二是从误差信号到反馈信号的整个通路的增益要足够高。

反馈电路是有一定控制范围的，控制信号产生器一般在一定范围内有效。根据控制特性，可成为正反馈（输出信号与参考信号同极性，要求增益小于1dB）或负反馈（输出信号与参考信号反极性，一定会稳定）。

反馈控制电路的特点是误差控制、误差校正可自动完成，所以也被称为误差随动系统，合理设计能减小误差乃至消除误差。

2.3.3　综合分析性能指标

接收机的主要功能是接收微弱的回波信号，首先需要衡量的就是它能在多大范围内接收到何等微弱的信号。于是灵敏度和动态范围这两项性能指标就产生了。

2.3.3.1　灵敏度

灵敏度表示接收机接收微弱信号的能力。能接收的信号越微弱，则接收机的灵敏度越高，因而雷达的作用距离就越远。

接收机的灵敏度类似于我们对外界刺激的敏感性，如果外界一个微弱的信号就能让一个人觉察到某种变化、某种意图或某种需要，即所谓的"见微知著，一叶知秋"，说明这个人的"感知"灵敏度很高；反过来，如果需要外界有很明显的迹象表明某种变化、意图或需要才能够发现，就说明这个人的"感知"灵敏度很低。

2.3.3.2　动态范围

动态范围表示接收机能够正常工作所容许的输入信号强度变化的范围，一般要求接收机能够真实地变换和放大信号而不失真。最小输入信号强度通常取为最小可检测信号功率，允许最大的输入信号强度则根据正常工作的要求而定。当输入信号太强时，接收机将发生饱和而失去放大作用，这种现象称为过载。使接收机开始出现过载时的输入功率与最小可检测功率之比，叫动态范围。

动态范围有些类似于我们的视野或能力范围，如果一个人的视野开阔或者才能比较全面，能够理解和处理的人事范围就比较广，就可以说他的"动态范围"比较大；反之，如果一个人仅能理解很窄领域内的人和事，其"动态范围"就受限了。

接收机还有一些辅助指标，包括围绕接收机的稳定工作展开的，如工作频带宽度、中频选择和滤波特性、工作稳定性和频谱纯度、抗干扰能力等指标；设计研制过程中还需考虑接收机的微电子化和模块化结构等指标。

2.3.3.3　接收机的工作频带宽度

接收机的工作频带宽度表示接收机的瞬时工作频率范围。在复杂的电子对抗和干扰环境中，要求雷达发射机和接收机具有较宽的工作带宽。

这一指标与发射机的工作频率相对应，实际上是雷达的目标频率。现代雷达的目标频率不只是一个点，而是覆盖了某一段频率范围。

2.3.3.4　中频的选择和滤波特性

接收机中频的选择和滤波特性是接收机的重要质量指标之一。中频的选择与发射波形的特性、接收机的工作带宽以及所能提供的高频部件和中频部件的性能有关。

中频选择和滤波特性实际对应接收机变频过程中的关键频率点的选择，即在降频过程中将信号降到哪个频点比较合适？这在接收机中可以作为一个量化指标。在我们的生活中，有些类似于我们处理信息的策略和方法，即如何把外在的信息转化为内在的解析，并加以提炼和过滤。

2.3.3.5　工作稳定性和频率稳定度

一般来说，工作稳定性是指当环境条件（如温度、湿度、机械振动等）和电源电压发生变化时，接收机的性能参数（如振幅特性、频率特性和相位特性等）受到影响的程度。

这一指标与发射机的信号稳定度或频谱纯度相对应，代表了接收机工作的可靠性。

2.3.3.6 抗干扰能力

在电子战和复杂的电磁干扰环境中，抗有源干扰和无源干扰是雷达系统的重要任务之一。

有的雷达接收机可以在存在外部干扰的环境下稳定工作，而有些雷达接收机则会在干扰存在的情况下无法工作；这就类似于有些人可以在嘈杂中保持内心的宁静，有些人则必须在安静的环境中才能镇定下来，甚至在安静的环境下还无法对抗内心的干扰。现实生活中，内部和外部的干扰始终存在，就像雷达接收机始终面临的噪声和干扰，要想保持稳定，就得有一定的抗干扰能力，这种能力越强，就越能在纷繁复杂中把握自己的目标。

2.3.3.7 微电子化和模块化结构

微电子化和模块化结构是接收机工艺上的指标，代表了电子设备的发展趋势。

如果我们也能将自己学习或训练的结果整理得更有条理，形成模块化结构，是否也会有助于我们对知识或技能的记忆和应用呢？比如，有人将出行必带的四种物品概括为"伸手要钱"（即身份证、手机、钥匙和钱包），可以随时调用，是否更有助于我们在日常生活中更好地做出行准备呢？

拓展阅读：接收机的主要性能指标，包括接收机内部噪声的大小都是可以测试的，有关噪声系数和灵敏度、动态范围和增益、镜像抑制特性、通频带特性、幅相一致性及控制特性、A/D 转换器量化噪声及信噪比、I/Q 正交特性、频率源的功率、频率、杂波抑制度、频率稳定度以及雷达波形测试接收机的测试方法等可参考弋稳的《雷达接收机》。

有关接收机中的多速率信号采样理论和实现、数据转换器、坐标旋转数字计算机（CORDIC）算法及结构设计、雷达数字接收机等知识可参考张明友的《数字阵列雷达和软件化雷达》。

未来随着数字信号处理技术的发展和模数转换（数字采样）速度的提高，将实现直接采样数字接收机，将接收机的功能实现得更直接。

2.4 信号处理机

请您先思考一个哲学问题：思考，重要吗？

也许你认为重要，也许你认为不重要。其实，大多数人都会不自觉地思考，为了做出更好的选择，甚至为了改变世界。思考，不是凭空想象，思考能帮助人冷静下来，获得更多的经验，积累更多的知识。有时候，你害怕弄错了，害怕自己显得很傻。但是，如果你过于认真，钻了牛角尖，思考就会一直在原地打转，弄得自己心情不好，或者什么事都做不了。别忘了，思考也是一种游戏，可以充满乐趣……你的思考像你的感情或者情绪一样，是你自己的一部分。想一想，你能让自己不思考吗？

无独有偶，雷达在探测一个目标的时候，也需要一个类似大脑思考的处理过程，即雷达信号处理所要完成的功能。本节将介绍这方面的知识，具体如图 2.42 所示。

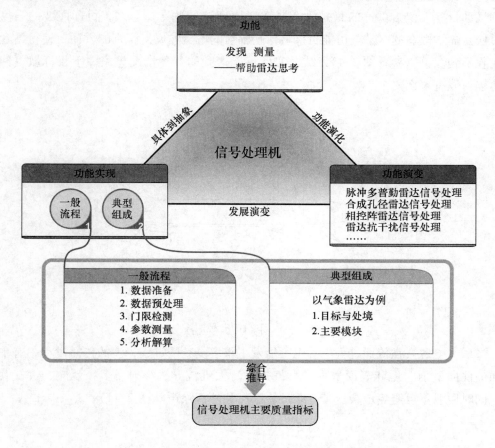

图 2.42　2.4 节内容的思维导图

2.4.1　雷达探测，困难重重

雷达探测目标是一个非常艰难的过程，需要同时面对外界和内部的各种噪声、干扰。

首先，发射机产生的电磁波信号的纯度不可能达到 100%，接收机会有难以避免的内部噪声，这都是雷达内在的"困惑"。

其次，雷达天线向外辐射时，不可能将所有能量都辐射到目标的位置，因此一方面存在能量的损失，另一方面非目标物体会产生一些反射回波，致使雷达接收到杂波。这类杂波主要包括以地面或海面为背景时产生的地杂波或海杂波、非目标产生的反射，如气象杂波等，军用雷达不想要的回波一般来自地面、海面、雨、冰雹、箔条、鸟、昆虫、极光等。

再次，雷达辐射的电磁波遇到目标时，无法控制目标的种类和姿态，目标表面漫反射会产生表面杂波，可能会遇到某个对雷达隐身的目标（详见本章最后一节），也可能遇到运动目标，留给雷达的只是一个非常"模糊"的侧影。总之，目标回波的强度大多时候是非常微弱的，甚至可能目标将雷达辐射的电磁波反射至别的方向，使得雷达根本接收不到。可以参看图 2.43，结合实际可能遇到的各种情况想象一下目标散射回的雷达辐射波有多么复杂。

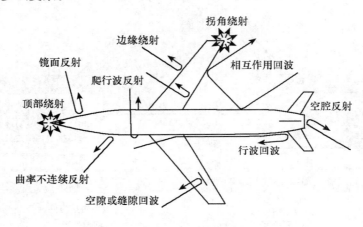

图 2.43　飞机的七种回波

最后，电磁波在传播过程中，也可能发生很多复杂的过程，波的传播过程中有平坦地面的前向散射、地球表面散射、大气折射、大气波导、绕射、多径效应、大气衰减等，同时回波不可避免地会携带一些环境噪声和外部噪声（图 2.44）。

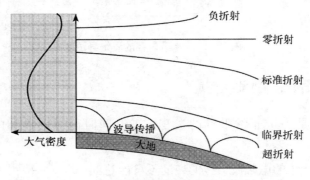

图 2.44　电磁波在大气中的各种折射

拓展阅读：大气波导

大气波导是指当对流层的某层出现逆温或水汽急剧减小，导致空气密度和折射率的垂直变化很大，造成无线电波射线的超折射传播，其电磁能量在该层大气的上下壁之间来回反射向前传播，好像在波导内进行的现象。大气波导的形成主要分为三种类型：

（1）蒸发波导，这是海洋大气环境中常出现的一种特殊表面波导，它是由于海面水汽蒸发使近海面小范围内大气湿度随高度锐减而形成的。

（2）表面波导，这是下边界与地表相连的大气波导，一般出现在大气较稳定的晴好天气条件下，此时低层大气存在一个较稳定的逆温层，且湿度随高度递减。

（3）抬升波导，这是下边界悬空的大气波导。抬升波导下边界高度一般距地面数十米或数百米，在此高度上一般存在一个逆温层。大气波导发生的大气层即为大气波导层。

另外，雷达探测目标有时还要面对人为干扰。

2.4.2 雷达信号处理的功能

早期的雷达是没有专门的信号处理系统的，可以说，雷达信号处理随着计算机和电子技术的发展，是雷达智能化的一个趋势。信号处理机既是区分老式雷达和现代雷达的主要标志，也是新体制雷达的核心技术。

可以说，信号处理系统就是帮助雷达在工作中思考：

（1）当前回波中是否包含回波信号？——发现，即尽可能克服噪声、杂波和干扰以识别目标信号；

（2）如果包含目标信号，该目标信号出现在空间哪个位置上？有何特征？——测量，即获取目标的各种参数。

图2.45显示了某雷达对典型海面目标的接收机回波信号，早期的雷达是依靠雷达

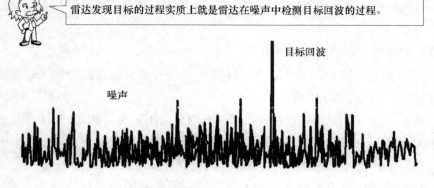

雷达发现目标的过程实质上就是雷达在噪声中检测目标回波的过程。

目标回波

噪声

图2.45 某雷达对典型海面目标的接收机回波信号

操作员对这些信号进行分析解读，对目标有无乃至类型做出判断，现代雷达增加了信号处理机这一组成部分，对接收机回波信号做进一步处理，从而尽可能自动地在噪声和杂波中发现目标并进一步测定目标的各种参数。

2.4.3 雷达信号处理的一般流程

雷达信号处理是雷达科学与信号处理学的交叉学科，随着计算机科学的发展，与计算机的处理流程基本相同，也开始与计算机科学中的人工智能、目标识别等研究领域相交联。

正如前一小节所述，信号处理机是新体制雷达的核心技术，也是不同雷达研究所差别较大的技术。所以，为了更加全面地描述雷达信号处理，在此仅给出雷达信号处理的一般流程。需要说明的是，本书采用的划分方法和对各部分采取的处理步骤只是雷达信号处理的可能设计思路之一，具体的雷达信号处理系统可以根据具体目标的检测需要进行相应的增减和顺序调整。

2.4.3.1 数据准备

数据准备包括两个方面：

（1）与雷达接收机建立数据接口，输入雷达回波数据；

（2）根据雷达探测任务和工作模型调入相应的信号模型、杂波模型及算法。这一步骤的主要工作集中在雷达研制阶段，需要对目标回波特性、杂波统计规律、环境因素的影响等深入研究。

2.4.3.2 数据预处理

根据雷达探测的主要任务和处理策略，数据预处理也可以分为两部分：一部分被有些文献称为信号调理——即对信号进行一些加工，以便于后续处理；另一部分主要功能是增强信噪比——在接收机处理的基础上进一步抑制噪声增强信号，以便后续检测（图2.46）。

信号调理可能采取的处理步骤有：

（1）A/D 转换。根据数字化需求在接收机部分或本模块内部应用采样定理进行数据采样与量化，形成数据矩阵。

（2）误差校正。主要是针对接收机在视频部分采用正交鉴相处理时，I 通道（同相信号）和 Q 通道（正交信号）会引入额外的增益和失配误差而进行，此外，根据事先建立的信号模型和统计规律也可对其他部分进行误差校正。

（3）信号整形。对于不同类型的发射信号，需要不同的整形处理，简单脉冲信号仅需在接收机部分整形为规则脉冲即可；而对于一些复杂信号，则需要特殊处理，比如

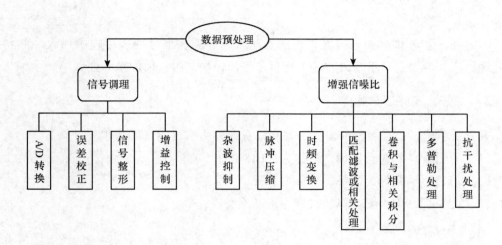

图 2.46　数据预处理的一般方法步骤

对于 LFM 信号，就可能需要距离－多普勒耦合、拉伸处理、距离副瓣抑制等；对于非线性调频信号，有时会进行波形频谱整形；对于步进频率信号（实现大带宽的另一种技术），需要步进频率整形（图 2.47）。

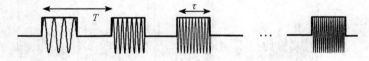

图 2.47　线性步进频率波形

（4）增益控制。与接收机部分一样，这里同样需要根据信号强弱进行放大器"放大系数"的调节，使得信号在一定范围之内。

增强信噪比可能采取的处理步骤有：

（1）杂波抑制。对于不同类型的杂波，可以做不同的处理，比如有些雷达所做的主杂波跟踪补偿，实际上就是把主要杂波存在的频率范围内的信号全部滤除；这部分需要对杂波的统计规律做深入的理论研究和实测数据的分析，设计相应的算法使得杂波的负面影响尽量降低。

（2）脉冲压缩。这部分需要完成对脉冲压缩信号的"压缩"处理，也可以在接收机部分完成。

（3）时频变换。如进行快速傅里叶变换（FFT）、离散傅里叶变换（DFT）、Z 变换等，本书第 4.3 节有时频变换的展开介绍。

（4）匹配滤波或相关处理。依据信号模型通过设计模糊函数等方法对目标信号进行增强处理，从而进一步增加信噪比。

（5）卷积与相关积分。对信号卷积运算或各种积分运算。

（6）多普勒处理。对信号进行频域滤波或谱分析、计算功率谱密度、动目标检测等。

（7）抗干扰处理。如果考虑人为恶意干扰，还需在信号处理过程中加入一些特殊的处理算法。例如，对于距离欺骗干扰，可增加保护波门、增加微分处理等。

2.4.3.3　门限检测

首先需明确，信号检测的每一次判断都有四种基本可能（图2.48）：

（1）有目标，判为有目标，被称为正确检测；

（2）有目标，判为无目标，被称为漏警；

（3）无目标，判为无目标，被称为正确不发现；

（4）无目标，判为有目标，被称为虚警。

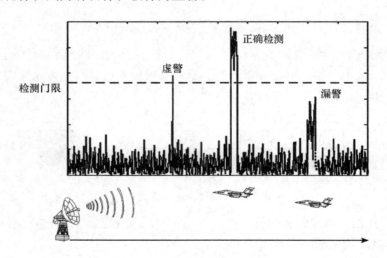

图 2.48　信号检测的可能性示意图

几个重要概念：

（1）虚警概率：目标不存在时，判为有目标的次数与检测总次数的百分比。有时也用虚警时间来度量，即虚报目标存在的时间占整个检测周期的百分比。

（2）检测概率：是指正确检测的概率。当目标存在时，正确检测的次数与检测总次数的百分比。

（3）恒虚警：即限定虚警概率或虚警时间低于某一阈值。

雷达信号检测需要对抗的是噪声、杂波、干扰。目前都是在概率意义下，依据建立的数据模型（前面数据准备中提到的信号模型、杂波模型、空间模型、谱模型等），通过设置门限判断目标是否出现。对于每一时刻接收的回波信号，都可做两种假设：（1）测量值仅为干扰；（2）测量值为干扰与目标回波之和。

在概率统计规律的指引下，可以得知：（1）测量值仅为干扰时，测量值一般是多少；（2）测量值为干扰与目标回波之和时，测量值的取值范围。

于是可以依据测量值是否大于某一阈值来判断目标是否可能存在，这一设定的数值标准被称为门限。门限有点像门槛，信号"迈"过去才会被认为是超越噪声脱颖而出的目标信号。

门限与检测概率、虚警概率的关系：

（1）门限一定，检测概率、虚警率与信噪比有关，信噪比越大，检测概率越大；

（2）门限下降，检测概率增大，虚警率上升；

（3）门限上升，检测概率减小，虚警率下降。

在只考虑噪声的情况下，可以采用概率学中的似然比检波，即依据奈曼－皮尔逊准则计算检测门限，大于等于门限值的测量值判为有目标。

当考虑噪声加杂波干扰时，需加入恒虚警，主要是为控制虚警概率，恒虚警检测一般采用单元平均法，但是单元平均法会被目标遮蔽效应和杂波边缘效应（即当目标被较强的杂波或干扰包围时，不会被检测出来）所局限，因而可采取一些其他的恒虚警方法，如：（1）存在干扰目标时，可用最小单元平均；（2）审核公式，舍最大值；（3）对数 CFAR；（4）有序统计，自适应 CFAR、两参数 CFAR（图2.49）。

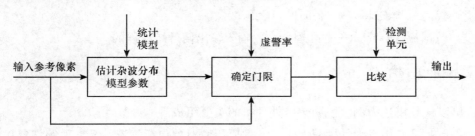

图2.49 通用 CFAR 检测流程

为提高正确检测的概率，现代雷达一般进行数据积累（对于脉冲雷达而言，也被称为脉冲积累）之后才进行门限检测。有些雷达还设置第二门限，比如在 N 次观测中，有 M 次都检测到目标才判断目标的存在（也被称为二元积累）。对于不同类型的雷达（信号相参或非相参）或不同的目标类型（非起伏目标、起伏目标），可以采用不同的积累方式。对于起伏目标，还需建立目标的起伏模型，根据起伏模型计算检测门限。

2.4.3.4 参数测量

对于达到检测门限，被认定为"目标"的信号，需要根据探测任务进一步测量其延迟时间、方位角与俯仰角、多普勒频移等，以获取目标的距离、角度、速度等信息。有关参数测量的具体方法，请参见本书第3章。

参数测量之后，有些雷达还会做四维分辨，即根据目标的方位角、俯仰角、距离、频率（速度）等对目标进一步判别。

此外，雷达信号处理与雷达探测数据量及体制有关，如我们将在第4章雷达发展原理中提到的特殊体制雷达，其数据率和数据类型一般具有特殊性，在信号处理部分需要相应增加一些算法。

2.4.3.5 分析解算

根据雷达探测任务，在前面目标检测的基础上，可做进一步的分析和解读。比如，在目标跟踪过程中，就可以根据目标可能具有的邻近性约束（最小位移）、最大速度（位移最大化）、速度变化率、刚体运动的一致性约束等滤除一些假目标回波，去伪存真。

此外，有些雷达的信号处理机除了进行常规计算，还控制雷达的所有分机；根据雷达工作模式的变化，控制信号处理器使用不同的处理程序；提供和惯性导航系统、数据链等交联设备的接口。

总体来说，雷达信号处理主要解决三方面的问题：什么时机、做什么、怎么做。具体处理过程中会启动三个流程，这三个流程是并行而又互相关联的。

（1）时序流程：When——什么时机（时间点）做。

（2）控制流程：How——各时间点上怎么做。

（3）数据流程：What——处理什么，输入输出信号是怎样的。

2.4.4 典型组成

这里以气象雷达为例，说明信号处理机的主要组成。

气象雷达是专用于大气探测的雷达，主要探测对象包括气流、云、雨等气象目标的位置、强度及其内部质点运动状态等，可对台风、雷雨、冰雹、龙卷风、湍流、气旋、暴雨等灾害性天气进行预测，并根据探测数据对天气过程的起始、发展、形成、消失等进行分析。对于气象雷达来说，信号处理仍是其核心技术（图2.50）。

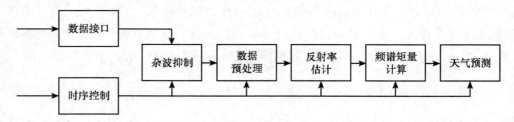

图2.50 某气象雷达信号处理机组成框图

2.4.4.1 数据接口模块

数据接口模块从雷达接收机输入雷达回波数据。

2.4.4.2　时序控制模块

时序控制模块根据雷达探测任务和工作模型调入相应的信号模型、杂波模型及算法，提供内部各模块的时序控制信号，并检测内部各模块的工作状态，与雷达主控计算机相交联。

2.4.4.3　杂波抑制模块

对于气象雷达来说，地物、飞鸟、昆虫、飞机等反射的回波均属于杂波，尤其是地物杂波是其主要的干扰源，因而，需要有专门的杂波抑制技术。

2.4.4.4　数据预处理模块

如采用了脉冲压缩技术，需进行相应的接收处理；如采用了数字信号处理技术，需进行数字补偿。

2.4.4.5　反射率估计

气象目标的反射率，即其回波强度，是参数估计的一个重要物理量，目前，已经证明用窄带高斯过程能很好地表示气象目标的接收信号，并建立了不同气象粒子的反射率模型，以便对气象粒子进行识别和估计。有些气象雷达除了可对气象目标的反射率进行估算外，还可测量其偏振特性，可以利用目标的偏振信息进行进一步识别或估计。

2.4.4.6　频谱矩量计算

在雷达采用了脉冲多普勒技术（参见本书第 4 章）的情况下，可采用快速傅里叶变换（FFT）、脉冲对处理（PPP）等技术估计气象目标的平均径向速度、传播相移差、谱宽、零延时互相关系数和多普勒频谱矩量等。如果雷达的发射脉冲重复频率参差，可能还需要解模糊等。

2.4.4.7　天气预测

根据前面的检测结果，可进行降水估计、灾害天气预报等，即对获得的数据进行分析解读。

根据前面对雷达信号处理的一般概括，数据接口和时序控制模块主要完成数据准备工作；杂波抑制和数据预处理模块完成对数据的预处理；反射率估计和频谱矩量计算属于门限检测和参数测量部分；最后天气预报即为对信号处理结果的分析解读。

◎类比

雷达的信号处理机类似于雷达的"大脑"，负责帮助雷达思考微弱杂乱的回波中是否有目标信号的存在？如果存在，是何种目标？该目标的距离、角度、速度是怎样的？等一系列雷达关心的问题。

◎归纳

雷达信号处理机的主要功能是在接收机工作的基础上，进一步处理回波数据，帮助雷达在噪声和杂波中发现目标并测量目标参数，这部分是现代雷达的核心技术，可以有灵活多样的设计方案。

◎演绎

有关门限检测的联想。

联想一：很多现实事件和推断都是概率意义下的

雷达信号处理系统是在概率意义下发现目标回波信号并测量的，这一点表面看似乎缺乏我们期望的确定性，但请您仔细想想：我们面临的世界中有哪些目标信号（我们的大脑中思考想定的）是非常非常确定的呢？世间有绝对真理的存在吗？即便人的决策正确率（按照某一标准）很高，100%是否也只能是个可望而不可即的极限值呢？

联想二：到处都有门限检测

雷达信号处理采取门限检测，看起来好像增加了问题的难度，使得门限计算的科学性和合理性成了一个很大的研究课题，而且还有"一刀切"的弊端，然而，仔细想想，我们在生活中是不是也经常不自觉地运用了门限检测呢？比如：听到的声音要超过我们耳朵能够听到的最小音量并且大于引起我们听觉注意的阈值才能被听到；对于我们可能有益的忠告建议必须进入我们的理解范围（或者说是大于我们可以理解的最小阈值）才能被我们所理解，又进一步达到我们愿意采纳的"意愿阈值"才能被我们所接纳；我们的情绪也是如此，在一定范围之内自己是可以把握的，超过一定限度（我们通常所说的忍无可忍），就可能暴发到我们无法控制的程度；再看看生活中的各种职场招聘，是否也可以看作是要求某些方面的能力大于一定程度呢？

这些门限或阈值可能是具体明确的，也可能是模糊的（类似雷达的模糊函数），而且会随着时间和具体情况的不同而有所变化，总而言之，门限检测可以扩展到生活实际的方方面面。

联想三：思维习惯影响判断结果

雷达的信号处理机一旦研制定性，就决定了雷达对其探测目标发现并测量的"思维习惯"，从而决定了该雷达的检测概率、对环境变化的适应性等。无独有偶，每个人的思维习惯也会影响其对同一事物的判断结果，比如积极思维的人更容易找到解决问题的方法，而消极思维的人则更容易发现事物的负面因素和影响。决策正确率较高的人往往会有意识地觉察并克服思维中的惯性，因地制宜地思索解决之道。

2.4.5　主要性能指标

首先，主要性能指标是围绕信号处理的主要任务展开，既然雷达信号处理是帮助雷达思考，以便更准确地检测目标，那么思考正确的概率——检测概率就是信号处理系统的第一个衡量指标，它可以评估雷达信号处理正确检测到目标的可能性。检测概率在雷达实际工作过程中有很大的不确定性，在不同的电磁环境和不同的目标面前，检测概率也是波动变化的。正如每个人在不同的工作条件、不同的情绪状态下工作效率也会有波动变化一样。

其次，虚警概率也是一个指标，这一指标一般是预先限定了上限的，对于大多数雷达信号处理系统来讲，都是先限定虚警概率，然后才考虑如何设定检测门限使得检测概率最大。虚警概率对于雷达的影响有点像我们小时候经常听到的"狼来了"的故事，虚警概率太大（经常是狼没来就喊狼来了）就会影响使用者对于雷达的"信任"，所以雷达在计算检测门限时都会限定虚警概率低于某一阈值。

最后，虽然信号处理的目的是为了增强信噪比，但在实际系统中，信号处理还是会有信号能量的损失，如果采用的算法与真实目标信号不匹配，还会有信号失配损失，因而信号处理损失和信号失配损失也是度量指标。在实际应用中，由于目标回波的复杂多变，这两项指标很难度量，一般作为算法设计过程中需要考虑的一个因素。

拓展阅读：想了解信号处理的主要研究领域可参考吴顺君的《雷达信号处理与数据处理技术》。

想做做信号处理部分的仿真可参考朱国富等编译的《雷达系统设计 MATLAB 仿真》和张强的《天线罩理论与设计方法》。《天线罩理论与设计方法》中介绍了该书给出的关于波形和信号处理的习题和提供的 MathCAD 工具，可以思考一些细节问题和特定波形的匹配滤波器响应的模拟、脉冲多普勒雷达的杂波输入等。

想了解目标检测理论可参考 David K. Barton 的《雷达系统分析与建模》，该书对噪声统计、起伏目标的检测、起伏损耗、分集增益、顺序检测、恒虚警率检测、有效可检测因子等概念均有描述。

2.5　天　线

本章 2.2 节描述的发射机主要功能是产生一定功率的载波受调制的电磁波信号，这里请注意，发射机仅仅是产生所需的电磁波信号，如果雷达想要完成对外探测任务，还需要一个接口，即雷达与外部空间之间的接口，这个接口由天线来充当。

国际电气与电子学会（IEEE）对"天线"的定义是：使雷达和外部空间互相联系的出入口。

对雷达来说，其任务是搜索或跟踪特定的目标，它要求天线具有较高的定向辐射和接收电磁波的能力，以提高雷达的作用距离和精确辨别、测定目标的位置。本节将介绍与天线相关的知识，具体如图 2.51 所示。

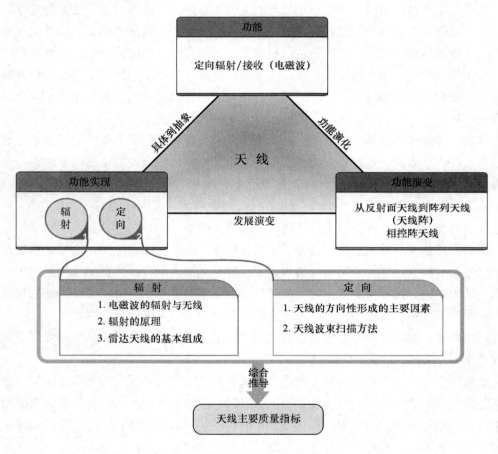

图 2.51　2.5 节内容的思维导图

2.5.1　辐射

2.5.1.1　电磁波的辐射与天线

电磁波产生之后有两种可能：传输或辐射。电磁波向远处空间传播而不再返回场源，就会产生辐射现象。

　　电磁波频率低时，主要借有形的导电体才能传递。原因是在低频的电振荡中，磁电之间的相互变化比较缓慢，其能量几乎全部返回原电路而没有能量辐射出去；电磁波频率高时即可以在自由空间内传递，也可以束缚在有形的导电体内传递。电磁波能在自由空间内传递的原因是在高频率的电振荡中，磁电互变甚快，能量不可能全部返回原振荡电路，于是电能、磁能随着电场与磁场的周期变化以电磁波的形式向空间传播出去，不需要介质也能向外传递能量，这就是一种辐射。举例来说，太阳与地球之间的距离非常遥远，但在户外时，我们仍然能感受到和煦阳光的光与热，这就是"电磁波借辐射传递能量"的现象（图 2.52）。

图 2.52　太阳向地球辐射

辐射的产生有两个必要条件：

（1）存在随时间变化的电磁场的来源（时变源）；

（2）源电路是开放的。

举例来说，封闭的金属管（圆形或矩形）可容电磁波在其内部传播，此时它们被称为"波导"，如果将其一端开口，或者在其侧面开缝，就可将其开放，成为辐射源。

　　人工制造的辐射源通常被称作"天线"。天线可以理解为一种变换器或能量转换器，它把传输线中封闭传播的（导行）电磁波，变换成在无界媒介（通常是自由空间）中传播的空间电磁波，或者进行相反的变换（也可理解成高频电流的能量和电磁波能量相互的转换）。大多数应用电磁波的设备都离不开天线。天线都具有可逆性，被称为收发互易性，即同一副天线既可用作发射天线，也可用作接收天线，而且同一天线作为发射或接收的基本特性参数是相同的。

2.5.1.2　辐射的原理

　　传输线形成的电磁场主要集中在两线间的范围内。当两导线张开以后，两导线上的电流方向相同，在空间所激起的磁场就将互相加强，随着导线间距加大，电场分布在整个导线周围的空间，为导线辐射电磁波创造了条件（图 2.53）。

　　如图 2.53 所示，两段长度为 l 的直导线，从中间对称馈电，可以采用如图 2.53（a）所示的矩形开放模式，也可采用如图 2.53（b）所示的喇叭形开放模式，还可以采用如图 2.53（c）所示的全开放模式。显然，在尺寸相同的情况下，图 2.53（c）所示的全开放模式开放程度最大，辐射也最强，这种辐射源被称为对称振子。

对称振子是一种经典的、迄今为止使用最广泛的天线，可简单地独立使用或用作馈源（即为天线的天线，为其他天线提供辐射源），也可组成天线阵。单臂长度为 1/4 波长、全长为 1/2 波长的振子，称半波对称振子，其电磁场分布分别如图 2.53（d）~（f）所示。

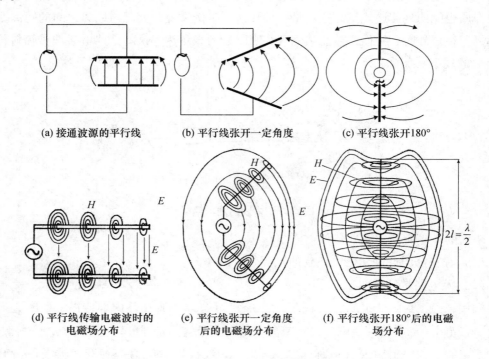

(a) 接通波源的平行线　　　　(b) 平行线张开一定角度　　　　(c) 平行线张开180°

(d) 平行线传输电磁波时的　　　(e) 平行线张开一定角度　　　(f) 平行线张开180°后的电磁
　　电磁场分布　　　　　　　　　后的电磁场分布　　　　　　　　场分布

图 2.53　源电路开放程度及辐射情况

还有一种辐射的形式可以理解为一种"泄露"，如将波导开缝即可将传输线转化为天线（图 2.54）。

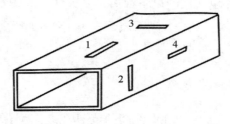

图 2.54　波导开缝成天线

天线辐射的强弱主要与两个因素相关：（1）源电路尺寸与辐射波的波长相比拟时，辐射较为明显（频率）；（2）源电路越开放，辐射就越强（场源分布）。

2.5.1.3　雷达天线的基本组成

首先，天线的基本功能是辐射，所以天线的主要功能单元是辐射元，即向外辐射或从外界接收电磁波的部分。

其次，天线本身并不产生电磁波信号，因此需要给它馈送电磁波信号，因而需要传输线作为馈线，将电磁波信号从雷达的频率源传输过来，此外，在接收状态又需要将接收的电磁波信号馈送给雷达接收机。

最后，根据使用环境不同，天线需要一定的保护，这部分功能由天线罩来实现。天线罩的基本形式有点像我们日常生活中的"三明治"，它在电气性能上具有良好的电磁波穿透特性，机械性能上能经受外部恶劣环境的作用。一般来说，充气天线罩常用涂有海帕龙橡胶或氯丁橡胶的聚酯纤维薄膜，刚性天线罩用玻璃纤维增强塑料，夹层结构中的夹心多用蜂窝状芯子或泡沫塑料。航空天线罩一般用玻璃纤维增强塑料、陶瓷、玻璃–陶瓷和层压板等（图 2.55）。

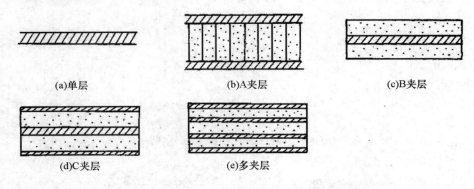

(a)单层　　　　　　(b)A夹层　　　　　　(c)B夹层

(d)C夹层　　　　　　(e)多夹层

图 2.55　天线罩的基本罩壁形式

天线中负责辐射功能的基本组成如图 2.56 所示。实际设备中，为了使天线能向不

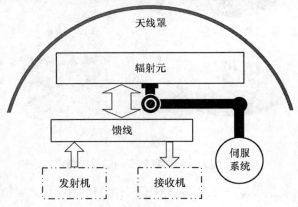

图 2.56　天线负责辐射功能的基本组成

同方向辐射，还需增加伺服系统，以控制天线向不同方向转动。天线伺服系统实际上是一个机械转动装置，目前一般用力矩电机或液压马达驱动。

2.5.2 定向

对雷达来说，其任务是搜索或跟踪特定的目标，要求其天线具有较高的定向辐射和接收电磁波的能力，以提高雷达的作用距离和精确辨别、测定目标的位置。那么，雷达天线是如何实现定向功能的呢？下面首先看看天线方向性形成的主要因素。

2.5.2.1 天线的方向性形成的主要因素

不同的天线采用不同的策略。

最经典的是对称振子，其方向性由三个方面来控制。

一是振子长度与波长的关系，图 2.57 给出了这个比值不同时对称振子的电流分布，图 2.58 展示了相应的辐射能量分布，即其辐射的方向和强度。

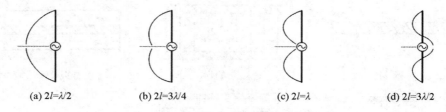

(a) $2l=\lambda/2$ (b) $2l=3\lambda/4$ (c) $2l=\lambda$ (d) $2l=3\lambda/2$

图 2.57　对称振子的电流分布示例

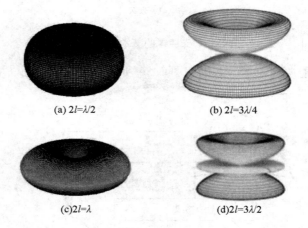

(a) $2l=\lambda/2$ (b) $2l=3\lambda/4$

(c) $2l=\lambda$ (d) $2l=3\lambda/2$

图 2.58　不同长度的对称振子的辐射能量分布示例

二是振子间辐射场的叠加，图 2.59 给出了不同方向的电磁波辐射叠加的情况，由其不同导致强度差异。其中，在 A 方向，由于两振子初始馈电相位相同，在此方向上辐射过程中走过的路程相同，因此是同相叠加，强度最大，而在 B 方向，由于两振子的辐射波在该方向上走过的路程不同，相位出现差异，非同相叠加，因而强度较 A 方向弱，于是可以利用这一叠加效果采用多个振子组成天线阵，改变天线的辐射方向。

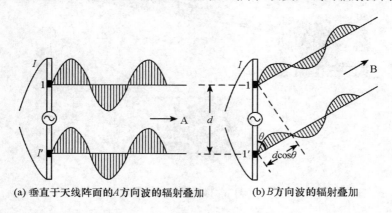

(a) 垂直于天线阵面的A方向波的辐射叠加　　　　(b)B方向波的辐射叠加

图 2.59　不同方向的电磁波辐射叠加的情况示例

三是馈电的大小和相位，前面所述的叠加效果是馈电大小和相位均相同情况下的叠加。当馈电的大小和相位不同时，天线辐射处的电磁波在空间会遵照波的叠加规律进行矢量叠加，形成不同的天线方向图。

这里要指出的是，天线并不能产生或者增加能量，天线方向性的本质是辐射场的压缩，即把本来会分布到四面八方的能量集中到某一特定的方向域中，所以才能在所需要的方向上将原本分散的能量放大。

2.5.2.2　天线波束扫描方法

雷达天线除了依靠天线设计时采用不同的定向辐射策略之外，还可以通过天线的转动来改变电磁波的辐射方向。此处以传统的机械扫描为例，先说明机械扫描是如何改变天线辐射方向的。

鉴于不同雷达用途不同，其天线场的波束形状会不同。典型雷达天线波束形状有两种：扇形波束和针状波束（也叫笔形波束）（图 2.60）。相应地，伺服系统驱动不同波束的天线的扫描路径也不同。

扇形波束的扫描路径有两种：

（1）圆周扫描；

（2）扇形扫描。

针状波束的扫描路径有三种（图 2.61）：

（1）螺旋扫描（螺旋上升）；

（2）分行扫描（水平向快扫、垂直向慢扫）；

（3）锯齿扫描（水平向慢扫、垂直向快扫）。

机械扫描的主要优点是实现简单，但是机械运动惯性大，扫描速度不高，因而现在

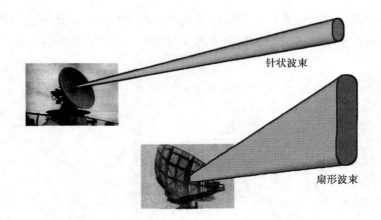

针状波束

扇形波束

图 2.60　针状波束和扇形波束

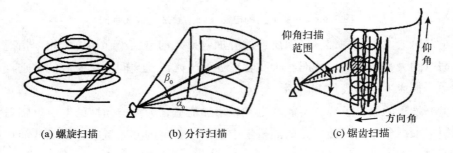

(a) 螺旋扫描　　　　　(b) 分行扫描　　　　　(c) 锯齿扫描

图 2.61　针状波束的扫描方式

已逐渐被电扫描所取代，电扫描会在本节相控阵天线中介绍。

2.5.3　主要性能指标

2.5.3.1　与天线辐射功能相关的指标

1. 天线效率

天线效率（即辐射效率）就是辐射功率与输入功率之比，用来衡量天线将高频电流能量转换成电磁波能量的有效程度，所以它是天线的重要参数之一。由于天线系统总存在一些损耗，所以实际辐射到自由空间的功率要比发射机输送到天线的功率小一些。

2. 天线的阻抗特性

由于天线通过馈线系统与发射机和接收机相连。发射时，天线相对于发射机是一负载，它把从发射机得到的功率辐射到空间；接收时，天线把从空间接收到的能量送到接收机，它对接收机而言是一个信号源。这两种情况均有一个阻抗匹配问题，阻抗匹配状况的好坏将影响功率的传输效率。

天线的输入阻抗决定于天线本身的结构、工作频率，甚至还受周围环境的影响，仅在极少的情况下才能给出严格的理论计算，大多数情况是采用近似计算法或由实验确定。例如，对称振子天线的输入阻抗与天线的长度、粗细和工作波长有关，而对其他多数天线，由于影响天线阻抗的因素太复杂，无法得出一个简单的规律，只能用实验的方法来测量。

为了使天线阻抗同传输线（或其他馈电设备）匹配，有两种不同的方法：一种是设计一种匹配装置装在天线与馈电设备之间，以改变天线阻抗使之同馈电设备匹配；另一种是设计天线使它直接同馈电设备匹配。由于天线的发射和接收是可逆的，所以当天线在发射状态下匹配时，它在接收状态亦会有良好的匹配。在传输线确定的情况下，天线与传输线的匹配状况由天线和阻抗特性来决定。为了使传输线送来的功率全部供给天线，必须使天线的输入阻抗与传输线的特性阻抗相匹配。

另外，天线作为一个辐射源可以向空间辐射功率，而被辐射的功率可以等效成电路中的损耗功率，损耗的大小可用电阻来代替，故天线辐射能力的大小也可用一个电阻来表示，该电阻称为辐射电阻。虽然辐射电阻是人为定义的一个参数，但它的大小能说明天线辐射能力的大小。

3. 天线的工作频带

天线的所有特性参数，如天线波瓣图、方向性系数、增益、输入阻抗等都是频率的函数。频率变化，特性参数跟着发生变化，这就是天线的频率特性。天线的频率特性可用它的特性参数——工作频带或带宽表示，天线的工作频带是天线的某个或某些性能参数符合要求时的工作频率范围。

天线带宽取决于天线频率特性和对天线提出的参数要求。若用一个频带宽度来满足各种特性参数的要求，将使容许的带宽非常窄，所以天线带宽是对某个或某些参数来说的，每个特性参数均有相应的频带带宽，如方向性系数带宽、输入阻抗带宽等。

2.5.3.2　与定向功能有关的性能指标

鉴于雷达天线有定向功能，我们衡量一部雷达天线性能的一个重要方面就是天线的方向性指标。

1. 方向性系数

所有天线（理想点源天线除外）所辐射的无线电波能量在空间方向上的分布通常是不均匀的，这就是天线的方向性。

方向性系数是理论上采用的指标，在数学上定义为天线在辐射最强的方向上辐射的强度与在各个方向上均匀辐射时的辐射强度的比值。也就是说，如果天线辐射没有方向性，那么在各个方向上的辐射强度都是一样的，我们记下这时的辐射强度；然后再记录由于天线具有方向性而使某一方向的辐射强度增强的程度，方向性系数就用增强后的强度与前者的比值来衡量。

2. 天线增益系数

增益系数（简称增益）也是天线的重要参数，它与方向性系数有着密切的关系。增益系数定义为：在输入功率相等的情况下，实际天线与无方向性、无损耗天线的功率密度之比。

由定义可以看出，增益系数和方向性系数很相似，它们都是将实际天线与理想无方向性天线做比较而引出的参数。但两者是有区别的：首先，比较的前提不同，虽然它们都是比较功率密度，但增益是在输入功率相等的前提下进行比较，而方向性系数是在辐射功率相等的前提下进行比较；其次，比较的标准天线不同，在增益中比较的标准天线是无方向性和无损耗的天线，而在方向系数中比较的标准天线是无方向性天线，但并不要求是无损耗。

3. 有效孔径

天线的有效孔径是指当天线与来波极化相匹配时，其负载阻抗上所接收到的功率与入射波功率密度之比。简单地说，可以想象成一副天线可以用多大的有效面积去接收电磁波（图2.62）。

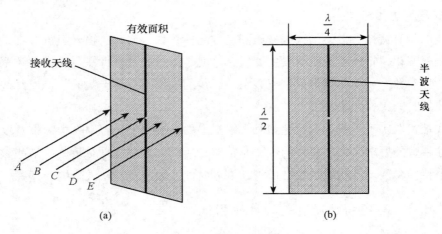

图 2.62　半波天线的有效孔径

4. 天线方向图

天线的方向图可以全面地描述天线的辐射特性。在新型雷达中，对于天线的调试和校正也经常会用到这个概念。

图 2.63 是一个天线方向图的示例——一幅有立体感的方向图。

方向图通常并不是中心对称的，为了完整描述天线方向性，可以给出三维图或做许多"剖面"。图2.64 给出了一个三维方向图的示例，它形象地描述了天线辐射强度随着方位角和俯仰角变化的情况。

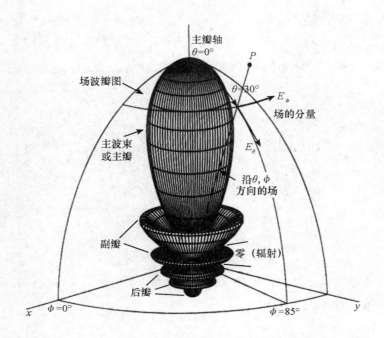

图 2.63　天线方向图示例

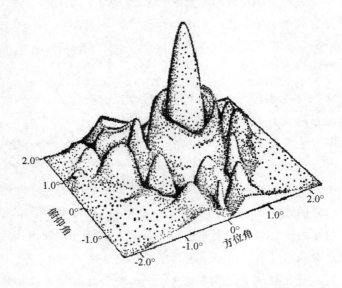

图 2.64　AN/FPQ - 6 雷达天线的三维笔形波束

为了简化绘制，有时也可以画出平面图。平面图可以看作是立体图沿中心对称轴的一个切面。

在方向图中，增益的单位一般用分贝（dB）表示，中心辐射最强的方向一般归一化为 0 dB。大部分能量集中在天线中轴一个大致"锥状"主波瓣，可称为主瓣。其他较弱的称为副瓣。主瓣和副瓣都是天线方向图涉及的重要概念。衡量主瓣大小的量称为

"主瓣宽度"或"波束宽度"。通常的波束宽度取功率降到波束中央功率一半时两个半功率点的夹角。此时方向图上值为1/2，即 $-3\ \mathrm{dB}$，称为 3 dB 宽度（图 2.65）。

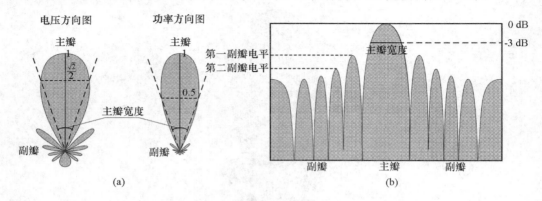

图 2.65　天线方向图

除了上述主要特性参数外，还有不少其他特性参数，如极化特性、有效长度、有效面积利用系数等，在此不加赘述。

◎ 类比

以我们用一个小镜子反射太阳光到某一点上为例，天线的方向性系数类似于镜面的朝向；增益类似于小镜子使该点增加的亮度比不用小镜子时的倍数；有效孔径类似于小镜子的面积；天线方向图是对小镜子反射光束的几何描述。

◎ 归纳

天线的方向性指标有天线的方向性系数、增益、有效孔径、天线方向图等，这些指标是互相联系的。

方向性系数（也称方向性增益）是一个理论值，实际中天线由于导体的热损耗、支撑件及邻近地面的感应损耗等，使理论计算的方向性增益实现不了。

实际应用中，从发射和接收的不同角度考虑，一般使用不同的量化指标。

发射时，天线的方向性一般用增益（功率增益），功率增益有时也被称为天线增益。这一指标是把这些实际因素考虑进去，同时考虑天线效率和方向性系数，即天线效率乘以方向性系数，得出功率增益。

接收时，用有效孔径（有效辐射面积），也就是天线能有效接收到的回波或其他辐射源辐射过来能量的等效面积。

增益和有效孔径均以数值来表示，相对有些抽象，于是又产生了用方向图全方位描述天线辐射特性（主瓣、副瓣、主瓣宽度）的方法。

◎ 演绎

天线的方向性指标是否在启示我们，如果能对同一事物在不同情况下的表现用不同的关键词来描述，是否更便于对这一事物的把握？

2.5.4 典型雷达天线

典型雷达天线有两种：反射面天线和阵列天线。

2.5.4.1 反射面天线

最先被采用的是反射面天线，反射面天线属于面天线的一种，反射面可以是抛物柱面、旋转抛物面、卡塞格伦反射面、双弯曲反射面、球反射面等。

1. 简介

名称：反射面天线。

结构：反射面 + 馈源。

波束形状：可实现各种形状波束，简单反射面适合发射笔形或简单扇形波束；双弯曲反射面可形成余割平方或超余割平方等赋形波束。

工作原理：利用反射面的反射特性，类似光学反射。

方向图：可用余割函数近似。

特点：结构简单、馈电简单，增益高、价格低，强方向性、口面尺寸远大于波长、馈电方便；缺点是机械扫描惯性大、数据率有限、信息通道少，不能满足自适应和多功能需求。

应用：各种雷达、导航、通信设备。

2. 典型反射面

图 2.66 展示了几种典型反射面天线。

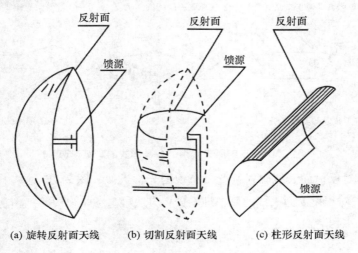

(a) 旋转反射面天线　　(b) 切割反射面天线　　(c) 柱形反射面天线

图 2.66　几种反射面天线的形状

3. 典型馈源

图 2.67 展示了一些常见的单馈源反射面天线的馈源。

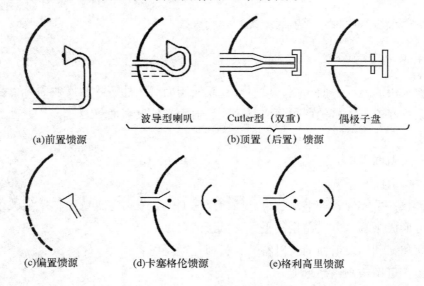

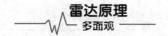

(a)前置馈源　　　波导型喇叭　　Cutler型（双重）　　偶极子盘　　(b)顶置（后置）馈源

(c)偏置馈源　　　(d)卡塞格伦馈源　　　(e)格利高里馈源

图 2.67　一些常见的单馈源反射面天线的馈源

图 2.68 展示了反射面天线常用的一些不同形式的喇叭馈源。

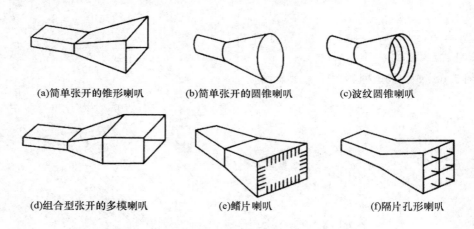

(a)简单张开的锥形喇叭　　　(b)简单张开的圆锥喇叭　　　(c)波纹圆锥喇叭

(d)组合型张开的多模喇叭　　　(e)鳍片喇叭　　　(f)隔片孔形喇叭

图 2.68　反射面天线用的各种形式的喇叭馈源

图 2.69 是对反射面天线辐射情况最直观的光学近似，图 2.70 列举了一些典型反射面天线的实例。对于反射面天线的基本理论分析方法可参考张祖稷的《雷达天线技术》。

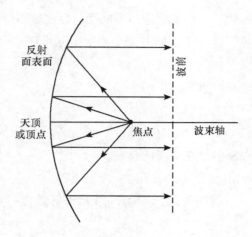

图 2.69　反射面反射器天线的轮廓

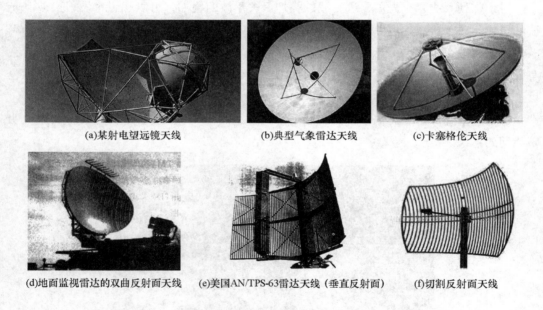

(a)某射电望远镜天线　　　　(b)典型气象雷达天线　　　　(c)卡塞格伦天线

(d)地面监视雷达的双曲反射面天线　　(e)美国AN/TPS-63雷达天线（垂直反射面）　　(f)切割反射面天线

图 2.70　典型反射面天线示例

2.5.4.2　阵列天线

现代雷达和通信技术对天线提出了多方面的性能要求，但最基本的要求是天线具有单向辐射的强方向性。不少电子设备常常要求天线具有一定的方向性，甚至很强的方向性，如要求主瓣半功率宽度在三四十度、十几度、几度，甚至一度以内。

那么，用什么方法来提高天线的方向性呢？增加对称振子的长度可以提高天线的方向性，但当振子一臂长大于 0.625λ（λ 为电磁波的波长）后，长度再增加，方向性反而下降。此外，对单个对称振子而言，增加长度并不能使方向图具有单向辐射的性能。

显然，单纯依靠增加天线的长度来达到增强方向性的办法是不行的。一个根本的方法是利用波的叠加原理（也称干涉原理）将若干个辐射单元排成一个阵列（天线阵），从而获得方向性能增强的效果。

下面是阵列天线的基本信息。

名称：阵列天线。

结构：天线的集合。

工作原理：各辐射源辐射波在空间的合成。

方向图：可灵活调整。

特点：波瓣可调整——利于实现低副瓣；单元辐射强度可降低——利于发挥集体力量。

应用：远程雷达、相控阵雷达。

对于阵列天线，首先需要理解波的叠加。关于波的叠加，可以联想水波、声波、光波的叠加。对于水波，可以联想两颗石子同时投入水中，水波交叠之处的情形；对于声波，可以联想在一间大房子中，两个扬声器同时发出声音时，房间中不同地方的声音会有强弱区别；对于光波，可以联想不同颜色的光交汇之后看到的景象，感兴趣的读者也可进一步参考《奇妙的电磁波》。

这种能量叠加有点类似于杨氏双缝干涉实验（图 2.71）。实验中，光波叠加产生明暗相间的条纹。

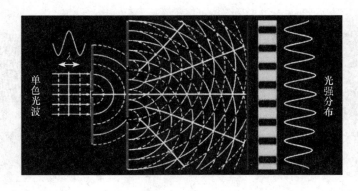

图 2.71　双缝干涉实验

基于杨氏双缝干涉实验，我们可以做一个思想实验来阐述阵列天线的工作原理。首先，试想减少双缝间距，根据条纹间距公式 $\Delta x = \lambda L / d$，可以想见当双缝间距 d 变小时，条纹间距增大。当双缝间距足够小时，就可以在相当宽的范围内（比如 $\pm 60°$）保证仅有一条中央明纹。然后，按照规律（波程差为 λ）增加开缝数量，这样中央明纹就会得到加强，明纹中间经多重波束叠加越发明亮，明纹中间的能量提高也就相当于减小了明纹宽度。通过上述步骤，就得到了一条能量集中于一个方向，有效宽度足够窄的干涉条纹，相当于完成了天线方向性和波束宽度的要求。

如果采用多个互相分离的独立的天线单元，使它们按一定的规律排列，并分别控制单元的排列方式、单元之间的距离以及单元上电流的振幅和相位，利用各单元辐射场波的干涉原理，就能获得方向增强的效果。

由于阵列天线是众多小天线的集合，其排列方式加上馈线相对于反射面天线更为复杂，图 2.72 为典型平板裂缝阵列天线的构成示意图。图 2.73 是典型阵列天线示例。

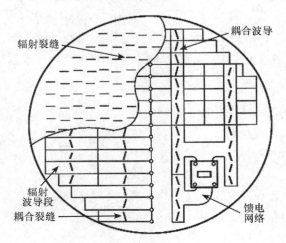

图 2.72　典型平板裂缝阵列天线的构成示意图

(a)某平面缝隙阵列天线　　　　(b)某机载雷达阵列天线

(c)某地基雷达相控阵天线　　(d)美国工程师设想建造星际雷达
　　　　　　　　　　　　　　　扫描系外行星的阵列天线

图 2.73　阵列天线示例

2.5.5　相控阵天线——电扫描

在 2.5.2.1 小节中提到，馈电的相位差和振幅比也会影响天线阵的方向性，本质上，电磁波的相位差和振幅比对天线阵方向性的影响是通过波程差起作用的，如果没有随方向变化的波程差，为常数的电流相位差是不会影响天线的方向性的。因此，在上述影响天线阵方向性的几个因素中，波程差是影响方向性的主要因素；2.5.2.2 小节又提到，机械转动有一些固有的缺陷，于是雷达工程师们通过探索发明了另一种控制天线波束指向变化的方法——电扫描。

相对于机械扫描，电扫描无机械惯性，可以把天线扫描速度从秒级提高到微秒级，而且波束控制非常灵活，但是系统复杂、波束宽度和增益等随扫描角有变化。有关相控阵雷达的展开描述，请参见本书第 4 章发展原理中的相控阵技术部分。

◎类比

　　天线有点像我们的眼睛，既可以通过神采向外传达我们内在的一些信息，又可以通过观察从外界接收信息。

◎归纳

　　雷达天线的功能和性质可以简单概括为"定向辐射，方向可图"。其中，"方向可图"有两层意思：一是方向可以用方向图来形象表示；二是其方向性可以通过不同的设计方案来调整。

◎演绎

　　竖起你的天线。

　　世界名篇《青春》的作者萨缪尔·厄尔曼于 1840 年出生于德国，儿时随家人移居美国，参加过南北战争，之后定居伯明翰，经营五金杂货，年逾七十开始写作。

　　《青春》中曾提到天线："我们的心中都应有座无线电台，只要不断地接受来自人类和上帝的美感、希望、勇气和力量，我们就会永葆青春。倘若你收起天线，使自己的心灵蒙上玩世不恭的霜雪和悲观厌世的冰凌，即使你年方 20，你已垂垂老矣；倘若你已经 80 高龄，临于辞世，若竖起天线去收听乐观进取的电波，你仍会青春焕发。"

　　这段话的英文原文是：

"In the center of your heart and my heart there is a wireless station; so long as it receives messages of beauty, hope, cheer, courage and power from men and from the Infinite, so long are you young.

When theaerials are down, and your spirit is coveredwith snows of cynicism and the ice of pessimism, then you are grown old, evenat twenty, but as long as your aerials are up, to catch the waves of optimism, there is hope you may die young at eighty."

正如一首小诗：

"如果你是雄鹰，没有人鼓掌，你也要飞翔；

如果你是小草，没有人心疼，你也要成长；

如果你是深山里的花儿，没有人欣赏，你也要芬芳！

如果你是创业者，没有人激励，你也要达成目标！"

如果一个人保持积极、乐观、向上的状态，他会自然而然地向外辐射热情、快乐、希望等正能量，同时"不断地接受来自人类和上帝的美感、希望、勇气和力量"，那将形成多么美好的良性循环啊！

拓展阅读：张强在《天线罩理论与设计方法》中介绍了 MathCAD 工具，可以模拟一定条件下天线对多个目标的响应、天线方向图的集成、矩形孔径的天线方向图、圆形孔径的天线方向图、天线增益和方向图的遮挡效应、计算频扫阵列的特性、稀疏阵列的特性、无源和有源的散热、孔径误差对增益副瓣和精度的影响、相控阵天线的带宽等。

天线的发展方向，如多功能相控阵雷达天线、低成本相控阵天线、超宽带及多频段天线、升空平台天线、高可靠性高生存力天线、等离子体发射面天线等可参考《数字阵列雷达和软件化雷达》及《雷达目标检测与恒虚警处理》（第 2 版）等书。

《雷达馈线技术》一书系统介绍了馈线的基本特性、特点、设计基础、馈电方式、发展趋势、传输线、微波网络技术、常用微波无源器件、电控微波元器件与 T/R 组件、新型微波特种元器件、微波旋转关节、微波铁氧体器件、微波馈线网络。

2.6 显示器

前面描述的发射机、接收机、信号处理机以及天线都是雷达与目标信号联系的中介，主要任务是更准确地识别目标。然而，雷达不仅仅需要完成探测任务，还需要告诉我们它干了些什么，遇到了哪些问题，或者哪里不舒服，而我们也需要获得雷达探测到的信息，向它发出一些指令，以及监测它工作的情况。这部分就是雷达显示器的工作，实际上就是雷达与人联系的接口。图 2.74 展示了本节将要介绍的内容。

如果没有显示器的人机交互功能，即使雷达工作得再好，对使用者来说也没有任何意义。

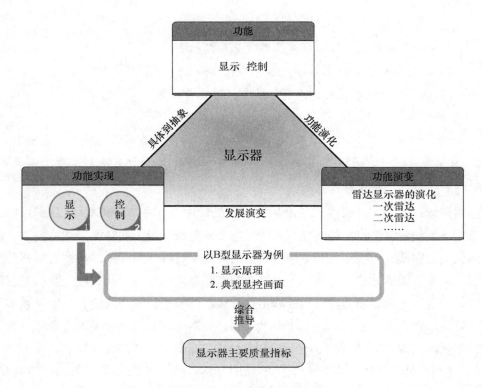

图 2.74　2.6 节内容的思维导图

2.6.1　功能

雷达显示器的功能可概括为显示雷达所获得的目标信息和情报，提供雷达系统的人机交互界面，提供各种信息的显示，提供电源配电管理、雷达工作模式、量程、信号处理算法、天线分机和收发分机的参数选择。

2.6.2　显示

雷达功能不同，所采取的显示坐标系也不同。根据坐标系形式划分，其显示方式主要有以下几种：（1）A 型显示器，成像方式类似于示波器，扫描线起点与发射脉冲同步，扫描线长度与雷达距离量程相对应，用光点在荧光屏上偏转的振幅来表示目标回波的大小，主波与回波之间的扫描线长代表目标的距离。（2）A/R 显示器，荧光屏上有上、下两条扫描线，上扫描线和 A 型显示器相同，显示全部量程，便于全面掌握情况、选择目标和粗测目标距离；下扫描线是上扫描线中某一区段的扩展，此区段可在全部量程内任意选择，以精测目标距离。（3）P 型显示器，又称平面位置显示器（PPI）或环视显示器。扫描线从荧光屏的中心沿径向延伸，与天线波束同步旋转。目标以亮点的形式显现在相应方位的扫描线上，显示的图像是以天线位置为中心的极坐标图像。（4）B

型显示器，采用直角坐标系来表示目标位置，纵坐标代表距离，横坐标代表方位。以亮度调制显示回波信号。（5）E 型显示器，以纵坐标代表高度（仰角），横坐标代表距离的距离高度显示器，有两种显示形式：一种是距离自左向右水平扫描，仰角自下而上垂直扫描；另一种的仰角扫描是从 0 点开始，对应地自下而上做扇形扫描，根据目标回波距离的不同，可直接读出目标高度（图 2.75）。

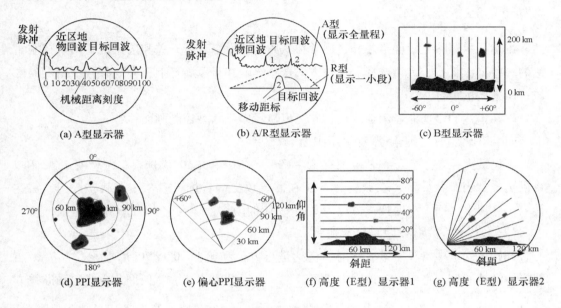

图 2.75　雷达显示的不同坐标形式

早期雷达主要采用阴极射线显像管（CRT）作为显示器，功能单一，仅具备一种显示方式，通常为 A 型显示方式，这种显示器将接收机生成的视频信号直接接到 CRT 的垂直偏转线圈上。

随着技术的进步，雷达显示器显示信息的能力不断提高。现代雷达显示器显示的数据可以非常丰富，包括目标距离、方位、文字标注、背景地图等，甚至具备多种显示方式，显示屏也不再拘泥于 CRT，LCD/LED 显示屏也越来越多地应用在雷达上。

尽管不同雷达的显示器形式可能有所差别，但是显示功能的实现大体可划分为三个功能模块：显示数据存储器、显示控制器和显示屏（图 2.76）。

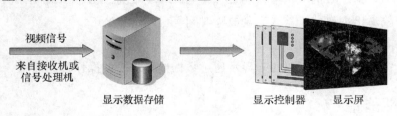

图 2.76　显示功能的三个功能模块

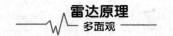

比如，对于机载火控雷达常用的多功能显示器，显示数据主要包括目标的距离和方位、极坐标系统（纵坐标表示距离，横坐标表示方位）、距离量程等；采用 CRT 时，显示控制器包括偏转线圈、控制电流电压的产生器、同步变压器等，以形成方位扫描和方位辉亮；显示屏为涂有荧光粉的屏。

2.6.3 控制

雷达显示器除显示屏幕之外，通常在其四周还设有若干开关和按钮键，用来控制雷达的一些工作状态、武器选择、攻击方式选择等。在显示屏幕上，会划分若干指定的区域，用来显示字符。

以某雷达的多功能显示器为例，它可以显示以下六种控制画面：

（1）正常空 – 空搜索/跟踪显示画面

该机载火控雷达方位搜索范围有 4°~60°、±30° 和 ±10° 供选择；俯仰有 1、2 和 4 行供选择。当操纵员将"截获标志"压在需要攻击的目标上时，按下截获按钮，雷达转入小区搜索画面，小区搜索方位为 ±10°、俯仰为 4 行。

（2）空中格斗搜索/跟踪显示画面

开始进入空中格斗搜索方式时，雷达进行方位和俯仰 20° × 20° 的搜索，方位 0° 与载机体纵轴一致。空中格斗搜索方式可三选一（可移动方式、宽俯仰角方式、瞄准线方式）。

（3）真实波束地图测绘显示画面

采用偏心 PPI 显示方式，可选择方位扫描范围为 ±60°、±30° 和 ±10°。

（4）空地测距显示画面

这时，雷达提供沿天线瞄准线指向地面目标的斜距，天线俯仰差波束方向图零值方向对目标进行数字式距离跟踪。画面中的"＋"表示天线方位和俯仰标线交点，即天线的实际指向。当锁定目标时，在显示画面右侧目标斜距处出现菱形符号。

（5）表格显示画面

通常，需要在雷达显示器屏幕的局部或全屏列表显示，比如雷达情报、目标参数、雷达性能评估、雷达对抗对策等。雷达 BIT 检测故障信息显示画面，包括子系统代码、故障编码、故障出现次数、首次出现故障时间等。

（6）数据传输显示画面

有时，雷达显示器还可以用来显示通过数据传输送来的操作控制信息。

2.6.4 性能指标

雷达显示器性能指标通常由雷达的技战术指标决定。

（1）显示功能的指标

①目标信息的数量及种类；

②坐标和量程，即能显示多大的距离及方位的范围；

③显示坐标的准确度，即显示器的度数与目标真实坐标的误差；

④分辨力，即分辨两个相邻目标的能力；

⑤测量速度。

（2）控制功能的指标

①方便程度、与其他系统配合使用的关系；

②运用参数方面的要求，如体积、重量、工作温度、电源电压、频率和功率消耗、耐震程度等。

③其他；

◎类比

　　显示器有点像酒店的前台，负责与酒店的使用方——住客之间的沟通与服务，住客对酒店的要求和建议也是通过前台得以协调与满足。相对而言，雷达显示器的响应更加程式化，因为所有的程序都是预先设计好的。

◎归纳

　　雷达显示器是雷达负责人机交互的接口，它正在越来越接近我们用的计算机显示器。雷达显示器不仅与电子显示技术相关，而且包含着人机交互的学问。人机交互与认知学、计算机科学、社会学、人机工程学、心理学、图形设计、工业设计等学科领域有密切的联系。于是雷达显示器的选择和设计也成了一门多学科综合的技术。

◎演绎

　　雷达显示器的演化。

　　早期的雷达图像是接收机直接输出的原始雷达视频或者经过信号处理的雷达视频图像，这称为一次显示。早期雷达大多使用 A 型显示器、A/R 型显示器，仅支持一次显示。

　　经计算机处理的雷达数据或综合视频显示的雷达图像，称为二次显示。B 型显示器、C 型显示器（是一种两个角度亮度调制的直角坐标显示器，其中横坐标表示方位角、纵坐标显示仰角）、E 型显示器、PPI 显示器、RHI 显示器（即高度－距离显示器，是一种亮度调制的直角坐标显示器，其中纵轴表示目标高度、横轴表示距离）既可一次显示，也可二次显示。

　　对于现代雷达，根据不同的模式和功能，显示器可以同时具备这两种显示方式。雷达图像可插入各种标志信号，如距离标志、角度标志和选通波门等，甚至可插入或投影叠加地图背景，作为辅助观测手段。为了录取目标信号或选择数据，雷达图像上可插入数字式数据、标记或符号。雷达显示器还能综合显示其他雷达站或信息源来的情报并加注其他状态和指挥命令等，作为指挥控制显示。与计算机相联系的显示控制台常采用键盘、光笔和跟踪球，甚至话音输入装置等，作为人机对话的输入装置。

总而言之，雷达显示器是根据雷达的探测任务显示相关的探测结果。显示元素及显示方式可根据人机交互的需要灵活设计。从雷达显示器的演化可以看出，随着雷达技术的进步，雷达显示器能够显示的二次信息和附加信息越来越多。现代雷达使用的显示器基本都是与我们日常生活中所使用的电脑非常类似的显示器，有时需要用几个雷达显示器配合使用，一些数据也可由电表或数码显示。

2.7 双工器

当雷达想收发共用一副天线的时候，就需要增加双工器这一组成部分。

双工器，又称天线共用器或收发开关，是收发共用天线雷达（典型为机载雷达）、异频双工电台、中继台等的主要配件，其作用是将发射和接收信号隔离，保证接收和发射都能正常工作。所以，双工器既要沟通，又要隔离。

图 2.77 展示了本节主要介绍的内容。

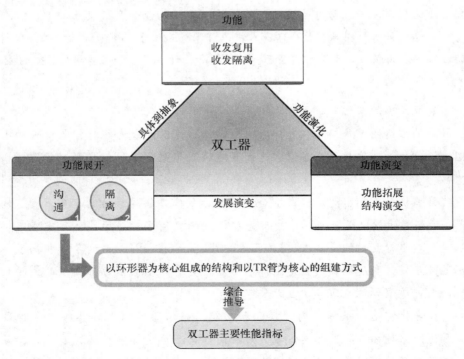

图 2.77　2.7 节内容的思维导图

2.7.1 功能

对于雷达而言，双工器的基本功能是控制发射机、接收机与天线之间的通断。当雷达发射时，将发射机与天线接通；而当雷达接收时，将天线与接收机接通。

2.7.2 组成

为实现双工器的基本功能——收发隔离，双工器仅需包含单向传输与隔离器件即可，实际设备还需增加一些控制组件和连接线路。双工器有两种实现方式。

2.7.2.1 以环形器为核心的组建方式

环形器是一种使电磁波单向环形传输的器件，在近代雷达和微波多路通信系统中都要用单方向环行特性的器件。环形器是一个多端口器件，应用了磁场偏置铁氧体材料各向异性特性，用铁氧体材料作为介质，并具有电磁波的传输结构，再加上恒定磁场，使传输具有环行特性。如果改变偏置磁场的方向，环行方向就会改变。例如，在图 2.78 中，信号只能沿①→②→③→④→①方向传输，反方向是隔离的。在近代雷达和微波多路通信系统中都要用单方向环行特性的器件。例如，在收发设备共用一副天线的雷达系统中常用环形器作为双工器。在微波多路通信系统中，用环形器可以把不同频率的信号分隔开。图 2.79 展示了几种常见的环形器示例。

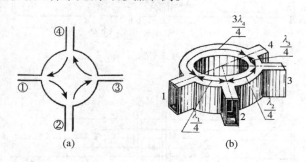

图 2.78 环形器

图 2.79 环形器示例

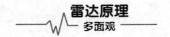

环形器连接三个通道：

（1）发射通道，是双工器与发射机之间的微波通道，将雷达发射功率尽可能地耦合到天线，同时配有波导隔离器，防止大功率微波能量回到发射机，并与接收机隔离。

（2）接收通道，是双工器与接收机之间的微波通道，将目标回波尽可能地耦合到接收机输入端口，同时对接收前端提供必要的保护，配有一些接收机保护器之类的组件。

（3）天线通道，是双工器天线之间的微波通道，需配有反向功率的吸收负载。

2.7.2.2　以 TR 管为核心的组建方式

TR 管是一种气体放电器件，通常会填充氩气等具有低击穿电压的惰性气体，设计成在高射频功率到来时快速击穿和电离，并且一旦功率降低到一定程度会迅速去电离的微波传输结构。

以平衡式收发开关为例，图 2.80 中 TR_1、TR_2 是一对宽带的接收机保护放电管。在这一对气体放电管的两侧，各接有一个 3 dB 裂缝波导桥，整个开关的四个波导口的连接如图 2.80 所示。3 dB 裂缝波导桥的特性为：在四个端口中，相邻两端（例如端口 1 和 2）是相互隔离的，当信号从其一端输入时，从另外两端输出的信号大小相等而相位相差 90°。

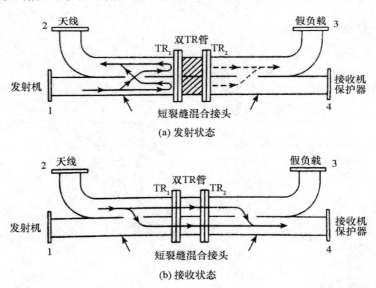

图 2.80　使用双 TR 管和两个裂缝混合接头的平衡式收发开关

这种收发开关有两种状态：

（1）在雷达发射状态，来自发射机的高频大功率信号从端口 1 输入，TR_1、TR_2 都放电，大部分能量都会反射回来，进入天线，漏过放电管的两路高频信号在端口 4 反向相消，从而保护了接收机，在端口 3 被假负载吸收。

（2）在雷达接收状态，从天线输入的回波信号很微弱，两个放电管均不放电，信

号将通过放电管，在端口 4 同相相加而进入接收机，在端口 3 反向相消而无输出，由于
3 dB 电桥的隔离特性，回波信号只有极小的一部分传向端口 1 而进入发射机。

还有一种分支线型收发开关，由于带宽较窄，承受功率能力较差，通常被平衡式收
发开关所代替。

此外，由于电磁波在传输过程中会不可避免地有一些反向辐射功率，因而双工器还
需要有相应的保护和吸收措施，通常的做法是增加负载，于是双工器还负责负载与辐射
的开关控制，实际的雷达设备在天线与接收机连通时还会考虑对接收前端实施保护。

双工器微波电路的设计同样需考虑阻抗匹配，在实际设备中，还可考虑用温度传感
器监测反向电磁能量的大小，各部分组件都会包含耦合器、隔离器、检波器等微波器件。

2.7.3　性能指标

2.7.3.1　隔离度

鉴于双工器的主要功能是收发隔离，度量双工器功能性能的第一个指标即为收发信
号的隔离程度。

双工器的隔离度是指两个等效带阻滤波器的阻带衰减量，也即双工器的接收端和发
射端至天线端的通路之间的隔离程度。

通常，考虑发射端的衰减量，应使接收信号对发射机不产生干扰，一般隔离度需在
60 dB 以上。考虑接收端的衰减量，是要阻止发射机到天线输出的射频功率干扰接收机
的正常工作，因而双工器的接收通道会采用带阻滤波器，阻止整机发射频率的干扰。

2.7.3.2　稳定度

双工器的频率稳定度应包括两个含义：一是本身结构的稳定性，使其分布参数具有
一定的稳定度；二是其温度稳定性。

双工器除以上讨论的指标外，还有工作频率（取决于两个等效带阻滤波器的阻带带
宽，而不是取决于通带带宽。从其频率响应曲线上看，即是两个阻带在一定衰减量时的
频率范围）、最大输入功率（一个双工器所能承受的最大输入功率，是双工器的一个使
用安全性指标）、插入损耗（对应于通道中，通带频点对有用信号的损耗）等。总之，
双工器的指标需要综合考虑，因为这些指标并不是彼此独立的，而是相互联系的。

◎类比

　　双工器有些类似我们大脑中的"开关"功能，比如与人交流时，有时需要主动
表达，有时需要沉默聆听，在交互的过程中就需要在"发"与"收"之间切换；双
工器还有些类似于计算机中的"多线程管理"，在多个进程之间进行调度和切换。

◎ 归纳

双工器是雷达中实现收发共用天线的微波器件。有两种实现方式：一种是以环形器为核心的组建方式；另一种是以 TR 管为核心的组建方式。在设计使用过程中，需综合考虑双工器的隔离度、稳定度、工作频率、最大输入功率和插入损耗等指标。

◎ 演绎

双工器的功能演变。

拓展阅读：

1. 功能拓展

性能优良的双工器大都会兼并一部分接收机的功能，主要是接收机保护器的功能，从而可以更好地保护自身及后续器件，不会被强信号伤害。

2. T/R 组件与和差网络

本书第 4 章发展原理中会对相控阵雷达展开介绍，对于相控阵雷达来讲，会用 T/R 组件（即发射/接收组件）来协助天线辐射单元完成辐射/接收功能，从而不再需要前面介绍的常规双工器，而是在后端用和差网络直接生成和差信号。

2.8 基本雷达方程
——雷达探测原理和组成原理的综合

2.8.1 问题描述

雷达探测性能和哪些因素有关？这里我们先考虑有关雷达探测性能的一个基本的量化指标，即雷达的作用距离。

雷达作用距离和哪些因素有关？

如果用数学语言描述，也就是雷达的探测距离 R 与哪些因素有关：

$$R = f(\,?\,)$$

2.8.2 影响雷达探测距离的因素

综合分析雷达探测过程，总结影响雷达作用距离的主要因素及指标（图 2.81）：

（1）从发射方考虑，雷达探测的发射方就是雷达发射机和天线，发射机的主要性能指标是发射功率，天线的主要指标在发射时用增益来衡量。

（2）从接收方考虑，在雷达探测的过程中，有两个接收辐射能量的物体，一个是被动接收辐射能量的被检测物，也就是通常所说的目标或其他反射电磁波的物体；在此重点讨论目标，在雷达探测系统中，一般用"目标的雷达截面积"来描述目标的散射特性。另一个接收者是主动接收被检测目标散射回波的系统——接收机和收发共用的天线。一般用"最小可检测信号"（即接收机的灵敏度）来表征雷达接收机的检测性能，它的含义是当接收机的目标回波功率小于接收机的最小可检测信号时，接收机将无法检测到目标，接收时天线的方向性用有效接收面积来度量。

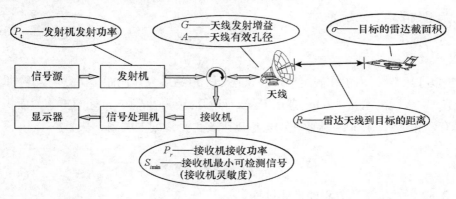

图 2.81　雷达作用距离的主要因素及指标

综上，我们讨论了影响雷达探测距离的主要因素，也就是雷达发射机的发射功率、目标的雷达截面积、雷达接收机的最小可检测信号和天线在发射和接收时的定向作用。如果用数学语言描述，也就是雷达的探测距离 R 与这些因素有关：

$$R = f\left(P_t,\ G,\ A,\ \sigma,\ S_{i\,\min}\right)$$

2.8.3　方程推导

研究一个问题的时候，往往是先抓住与所研究问题相关的主要因素，暂时忽略一些客观存在的次要因素，也就是设定一些简化条件，推导出一些基础性的结论，然后再逐步将其他因素考虑进去，使之与实际情况越来越接近。研究雷达方程的过程也是如此。接下来，先给出基本雷达方程的假定条件。

2.8.3.1　假定条件

可简要概括为两点：（1）一次雷达，单基地；（2）整个发射接收过程无损耗、无噪声，环境因素无影响。

2.8.3.2　基本雷达方程

在上述假定条件下，我们就可以推导基本雷达方程了。

对于接收机接收的回波功率来说，其大小随目标与雷达之间距离的增大而减小。而如果要求目标可以被雷达接收机检测到最小可检测信号则规定了这个减小程度的极限。也就是说，雷达接收的回波功率减小到最小可检测功率时如果再减小，目标的距离再增大，雷达就不能可靠地检测到该目标。

目标与雷达之间的距离恰好使雷达能够检测到该目标时，两者的关系式可以表达为：

接收机接收功率 = 接收机的最小可检测功率（接收机的灵敏度）

或者用数学语言表示为：

$$P_r = S_{i\,min} = \frac{P_t \sigma G A}{(4\pi)^2 R_{max}^4}$$

上述方程推导得出了在假定的理想条件下，雷达最大作用距离 R_{max} 与发射机的发射功率（P_t）、天线的增益（G）、雷达天线到目标的距离（R）、目标的雷达截面积（σ）、天线的有效孔径（A）以及接收机的灵敏度（$S_{i\,min}$）之间的关系，从而：

$$R_{max} = f(P_t,\ G,\ A,\ \sigma,\ S_{i\,min}) = \left[\frac{P_t \sigma G A}{(4\pi)^2 S_{i\,min}}\right]^{\frac{1}{4}}$$

图 2.82 展示了雷达方程的推导过程。

上面两式是雷达距离方程的两种基本形式，它表明了雷达对某一目标的最大作用距离和雷达参数以及目标特性间的关系。

（1）雷达的最大作用距离与发射功率的四次方根成正比。

（2）雷达的最大作用距离与目标的雷达截面积的四次方根成正比。

（3）雷达的最大作用距离与接收机的最小可检测功率（灵敏度）的四次方根成反比。

由天线理论知道，天线增益 G 和有效孔径 A 之间有以下关系：

$$G = \frac{4\pi A}{\lambda^2}$$

于是，我们还可得出雷达最大作用距离与天线增益、有效孔径和雷达工作波长之间的关系：

$$R_{max} = f(P_t,\ G,\ \sigma,\ S_{i\,min}) = \left(\frac{P_t \sigma \lambda^2 G^2}{(4\pi)^3 S_{i\,min}}\right)^{\frac{1}{4}}$$

$$R_{max} = f(P_t,\ A,\ \sigma,\ S_{i\,min}) = \left(\frac{P_t \sigma A^2}{4\pi \lambda^2 S_{i\,min}}\right)^{\frac{1}{4}}$$

（4）雷达的最大作用距离与天线增益与波长乘积的平方根成正比。

（5）雷达的最大作用距离与天线的有效孔径与波长比的平方根成正比。

以上，我们明确了主要影响因素之间的作用关系，得到了基本雷达方程。

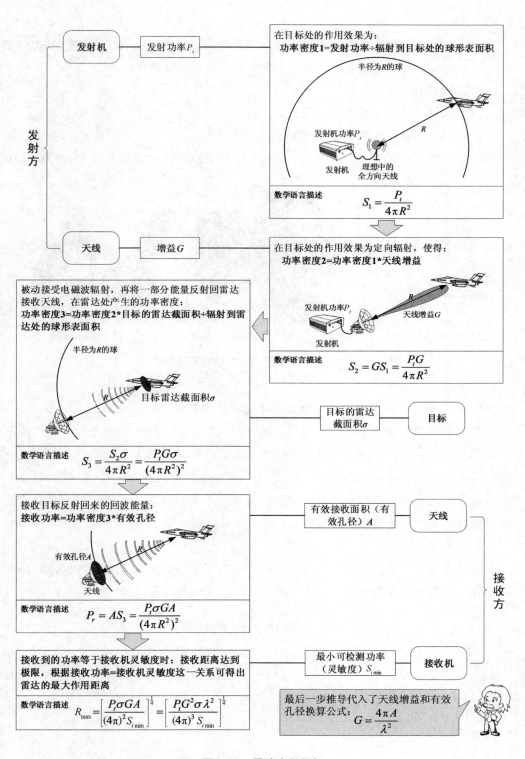

图 2.82　雷达方程图解

◎类比

雷达所用的电磁波处在微波频段，对于我们来说是看不见摸不着的，但我们可以通过一个可以看得见的类比实验来理解雷达方程的物理意义。

1. 实验器材

（1）不同功率大小的手电筒（3~5个）；

（2）不同面积大小的反光镜（3~5个）；

（3）光敏测量仪（如有条件，可以准备不同灵敏度的光敏测量仪2~3个）（图2.83）。

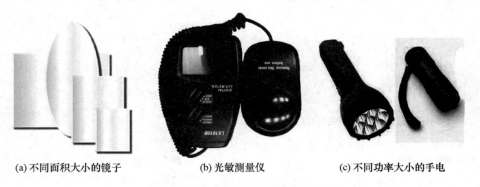

(a)不同面积大小的镜子　　　　　(b)光敏测量仪　　　　　(c)不同功率大小的手电

图2.83　雷达方程类比实验的实验器材

上述实验器材中：

（1）手电筒作为光源，类似于雷达的发射机＋天线；

（2）反光镜用于反射光，类似于雷达探测过程中的目标（反射电磁波）；

（3）光敏测量仪用于接收并测量，类似于雷达的接收机＋天线。

因为光也是一种电磁波，所以本类比实验中的作用规律和传输规律是相同的，不同的是：光波和微波频率不同；实验收发互异，类似双基地雷达；对于机载雷达等一般情况下讨论的是单基地的情况；以及实验空间受限。

2. 实验步骤

调暗教室灯光，先后使用不同功率的手电筒照射不同的反光镜，相应地，调整反光镜，使其将光发射到光敏测量仪处，并将相应光敏测量仪的读数填入表1中。

表1　雷达方程类比实验数据

光敏测量仪接收到的光强	光源		
	$V_1 = 3$ V $P_1 = 3~5$ W	$V_2 = 4.7$ V $P_2 = 24~35$ W	V_2、P_2不变 （接收传感器半遮挡）
反射镜面积	0.015 m²		
	0.09 m²		
	……		

完成实验，并对实验数据进行简要总结。分析类比实验与雷达探测过程的异同点。

在此实验中，可以明显地看到：

（1）当反射镜的面积增大时（类似目标的雷达截面积增大），光敏测量仪接收到的光强会增大，即表 1 各列的数据由上至下是递增的；

（2）当手电筒的电压和功率增大（类似雷达发射功率增大），光敏测量仪接收到的光强会增大，即表 1 第 2、3 列的各行数据是递增的；

（3）当光敏测量仪被半遮挡时（类似接收天线的有效接收面积降低或接收机的灵敏度降低），光敏测量仪接收到的光强会降低，即表 1 第 3、4 列的各行数据是递减的。

◎归纳

雷达方程是雷达原理的基本理论之一，主要研究雷达对某一目标的最大作用距离与哪些因素相关以及有什么样的关系。基本雷达方程主要研究在忽略环境因素和实际损耗的情况下，雷达对某一目标的最大作用距离与发射机的发射功率、天线、接收机的灵敏度之间的关系。

◎演绎

演绎一：基本雷达方程的拓展

1. 基本雷达方程的扩展

在雷达设计过程中，设计人员不仅仅需要考虑理论因素，而且需要考虑更多的实际因素，这时候，就可以根据实际需求对基本雷达方程进行扩展。比如，当需要考虑系统损耗时，就可以加入系统损耗因子，雷达损耗预算可参考《天线罩理论与设计方法》一书；当需要考虑大气衰减时，就可以加入大气衰减因子；如果加入了一些改善雷达作用距离的措施——脉冲积累，就可以加入脉冲积累改善因子。

《现代雷达的雷达方程》一书以 Blake 的经典研究成果为基础，并根据现代雷达技术的发展，增加了雷达方程中需要考虑的损耗因素数量。该书进行的扩展使雷达方程能够适应现代雷达设计和分析，通过识别雷达信息和环境信息来预测探测距离，并对雷达性能估算过程可能遇到的各种损耗的来源与计算进行了分析。《雷达系统分析与建模》一书的第 9 章也介绍了雷达损耗计算。

也就是说，基本雷达方程不是一个僵死的理论，而是一个可扩展的、具有强大生命力的理论分析工具。

2. 二次雷达方程

二次雷达的探测过程与一次雷达有所差别，二次雷达探测的目标是自己会"说话"的，当它侦收到雷达的电磁波信号后，其上的应答器会自动回应一个电磁波信号，因而目标"主动发射"的回波功率与雷达辐射到目标处的功率大小无关。

二次雷达方程推导要点：

（1）雷达在目标处的辐射功率密度的计算与一次雷达方程相同；

（2）目标辐射回的功率密度由其上的应答器的辐射功率决定；

（3）目标辐射到雷达处的回波强度的计算方法与一次雷达相同；

（4）雷达接收机的接收功率的计算方法与一次雷达相同；

（5）雷达的作用距离同样由接收机的灵敏度（最小可检测功率）决定。

基本雷达方程除了可以演变为二次雷达方程之外，还有许多其他形式，如跟踪雷达方程、搜索雷达方程、激光雷达方程、气象雷达方程、干扰雷达方程等。《天线罩理论与设计方法》一书给出了雷达距离方程的推导、搜索雷达方程、有源干扰下的雷达方程、有杂波时的雷达探测距离和组合干扰下的探测距离，该书包含习题和 MathCAD 工具，可作为一些细节问题的计算参考，包括雷达发射的电磁波在空间传播涉及的多径效应等的误差计算和雷达损耗计算。《合成孔径雷达——系统与信号处理》一书给出了点目标雷达方程和分布目标雷达方程。

演绎二：基本雷达方程的应用

基本功能：估算作用距离。

例如：某雷达对于雷达截面积为 $0.3~\mathrm{m}^2$ 的飞机目标，最大作用距离为 147 km；那么，某雷达对雷达截面积为 $0.0012~\mathrm{m}^2$ 的隐身飞机最大作用距离约是多少？

根据雷达方程可知，目标作用距离与目标截面积四次方根成正比：

$$\frac{R_1}{R_2} = \left(\frac{\sigma_1}{\sigma_2}\right)^{\frac{1}{4}}$$

带入数据得：

$$\frac{147}{R_2} = \left(\frac{0.3}{0.0012}\right)^{\frac{1}{4}}$$

$$R_2 \approx 36.97~\mathrm{km}$$

可能应用一：分析或改善雷达的性能。

根据基本雷达方程的物理意义及对基本雷达方程的扩展，可以从影响雷达作用距离的主要因素出发，分析增大雷达作用距离的四个主要手段：

（1）提高发射机的发射功率；

（2）提高接收机的灵敏度——脉冲积累、改进信号处理算法等；

（3）增大天线有效孔径；

（4）优化雷达方程推导时忽略的一些实际因素，如尽量避免大气衰减、减小系统损耗等。

可能应用二：雷达排故。

典型故障案例：某机场在外场用角反射器模拟目标测试雷达性能时，发现雷达作用距离下降为原来的2/3，试分析可能原因。

提示：思维方式正好和前一应用相反：

（1）雷达发射机功率下降——测发射功率；

（2）雷达接收机灵敏度下降——测接收机灵敏度；

（3）天线有效孔径降低——检查天线情况；

（4）系统损耗增加——测各部分损耗。

演绎三：雷达方程的逆向思维——目标隐身

此处以隐形飞机为例，说明目标对雷达隐身的原理。

隐形飞机是一种用隐形技术设计制成的军用飞机。这里的隐形飞机绝不是指飞机将自己的形体隐藏起来，让我们看不见它，而是说它可以使雷达"看不到"它。

第一代隐形飞机诞生于美国，以F-117A隐形攻击机为代表（图2.84）。

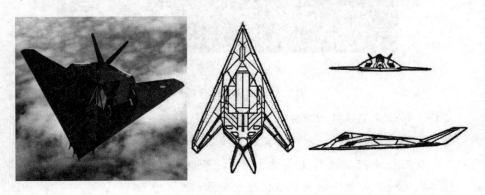

图2.84 美国F-117A隐形战斗机

F-117A的进气口安置在机翼上面和前边缘非常靠后的地方，它的前视图像小的像黑钻石一样，这样这些进气口对地面雷达而言就被屏蔽了，即便如此，设计者还为进气口设计了一种鸡蛋盒子似的护罩，理论上可以防止接近的雷达波进入进气管（进气管内的雷达波会到处跑并最终回头出来，直接返回到雷达）。F-117A最显著的特点就是它的多面体表面形状及后掠的尾翼，机身用薄的吸波材料涂覆，边缘呈锯齿形以降低装进机身的舱门和机身连接处的反射。

第二代隐形飞机进一步改进了隐形措施，其隐身本领大大增强，飞行性能也大大提高，目前活跃于美国军队中的B-2、F-35等机型，均属于第二代隐形飞机。B-2设计者们创造出铰链式整流罩，在起飞和降落时打开以增加引进引擎的气流量，为了最佳的推力和效率，巡航时整流罩被收回。它与F-117的相似点有圆的翼尖和薄吸收涂层、呈锯齿形环绕门、盖子和舱盖的边缘用于抑制边缘不连续所造成的反射。美国隐形飞机 F - 35 采用了圆滑机身，还加装了智能程序，可以自动调整飞行轨迹，通过机动飞行进一步减小被雷达探测的概率（图 2.85）。

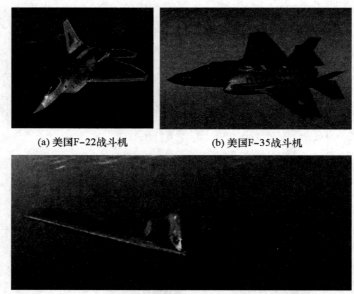

(a) 美国F-22战斗机　　　　(b) 美国F-35战斗机

(c) 美国B-2隐形轰炸机

图 2.85　美国第二代隐形飞机

目前，科学家们正致力研究第三代隐形飞机——无人驾驶隐形飞机。特别值得一提的是，无人驾驶隐形飞机的外形设计更加奇特。它彻底抛弃了尾翼，并采用圆形机身，从而能更隐秘地躲避雷达的追踪；另外，它的机载计算机安装了智能程序，能不断地随机调整飞行的轨迹，迷惑敌方的跟踪系统。

此外，隐形飞机还涉及红外隐形和电磁隐形。红外隐形通过使用特种航空燃料对尾喷口进行特殊设计，减少尾喷口的红外辐射，特殊的材料能尽量避免飞机向外散热，使红外侦察装置失灵；电磁隐形通过电子手段制造假目标或模仿敌方飞机的电磁信号特征来隐真示假。

本章内容如图 2.86 展开。

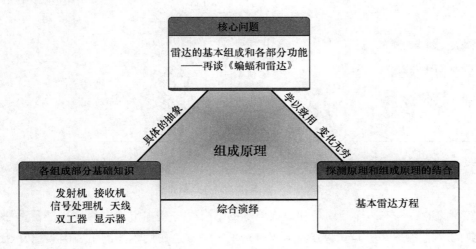

图 2.86　第 2 章内容的思维导图

本章首先引用电学天才斯坦梅茨的故事说明对设备各部分的组成及功能了如指掌的优势，接下来对雷达基本组成的各个部分按照功能、功能展开和功能演化三个部分将雷达各分机的功能、组成、性能指标等基础知识贯穿起来。

雷达是对目标进行探测与定位的电磁设备，其基本组成包括（图 2.87）：

（1）产生电磁波的功能模块——发射机；

（2）处理目标反射回的电磁波信号的功能模块——接收机；

（3）在噪声和杂波中发现目标并进一步测定目标的各种参数的功能模块——信号处理机；

（4）定向辐射/接收电磁波的功能模块——天线；

（5）负责人机交互的功能模块——显示器；

（6）收发共用天线的时候，负责收发隔离的器件——双工器。

对于发射机、接收机、显示器、双工器这四个部分，基础知识的重点包括功能、组成、性能指标等三个方面；天线部分涉及电磁波的基础知识较多，因此除功能、组成、性能指标外，还补充了电磁波的辐射和天线扫描方式；对于信号处理机，因其技术的复杂性，基础知识的重点在于雷达信号处理的一般流程和整体思路。

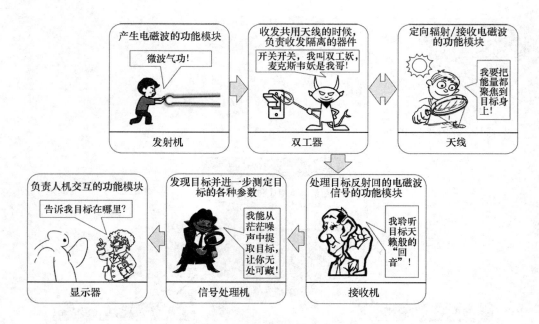

图 2.87　雷达各个部分功能示意

　　本章的最后是雷达探测原理和组成原理的结合——基本雷达方程，这是雷达原理中最经典的理论之一。基本雷达方程主要讨论了影响雷达作用距离的主要因素以及相互关系，这一小节继续用类比、归纳和演绎扩展思路，加深理解。

第3章 测量原理

本书第 1 章致力于对雷达探测原理的定性介绍，第 2 章对雷达基本组成的展开也是以定性描述为主，只有最后一个小节介绍的雷达方程向定量计算迈出了一小步。

定量与定性的差别主要在哪里？在工程实践中，定量到底能起到多大的作用呢？请先看 2012 年的一则报道，最初见于《解放军报》，后被凤凰网、凤凰资讯、新浪网、《云南教育视界》等转载。

数学的威力有多大？国防科技大学理学院用实践给出了最好的答案——他们创造性地运用一个个公式、算法、方程，破解制约部队战斗力提升的现实问题，推动了战斗力生成模式转变。

一、一个公式改变了一支部队的执勤模式

"雷达站为什么要建在偏远山区？"最初，当国防科技大学理学院数学教授提出这个问题时，不免让人觉得有点"太业余"了。

一般来说，担负测控任务的部队，运用的是"测距＋测速"国际通用的测控方法，将雷达站建在大山中正是"测距"的需要。

"如果抛开测距，仅通过测速来定位不行吗？"不行。国际上早有结论：仅凭速度数据无法计算出飞行器的具体位置。

然而，该院数学教授却"异想天开"：如果能突破这一传统理论，不仅可以改变部队传统的测控方法，还能让官兵搬出偏远山区。

一次，某部队送来一批导弹试验的测量参数，请他们进行数据分析。当他们将几组测距、测速数据放到计算机中运算时，发现其中一个测距雷达并未测到应该测到的数据。

怎么办？数学教授们又想到了抛开测距定位的创新思路。于是，他们尝试将一个相应的测速参数替代这个测距参数，再算。奇迹出现了——得出了准确的弹道精度。

举一反三，他们将这一创新成果应用于测控，改变了传统雷达测控体制。遂行测控任务时，官兵们只需用一台车载测速雷达到达指定地点就可以了。

二、一个方程将卫星图像质量提高 30%

卫星翱翔太空，需要有一双明察秋毫的慧眼。但以前我国遥感卫星的图像质量却有待改进。

一个偶然的机会，国防科技大学理学院的数学专家了解到这一情况。要解决图像质量问题，首先要了解成像原理。于是，团队成员抱来一大摞成像方面的书籍系统学习，又到卫星研制单位、用户单位及各相关部队实地调研。渐渐地，他们掌握了遥感成像的原理和特点。

专家们将卫星图像质量不高的问题，描述成数学语言，并将误差扩散过程转换为一个二维方程，然后对这个方程求解，想通过这种办法使受到噪声斑点污染的图像恢复本来面目。

理论上看似行得通，实践中却难以实现。攻关一度陷入困境，但他们没有放弃。经过分析他们发现，光学图像处理方法是将噪声斑点抹掉，而雷达图像的噪声斑点抹掉后，图像信息的保真度不高，质量自然也就不清晰，传统的二维方程也就无法求解。

于是，他们先对二维方程进行改造，建立起一个全新的方程。就是这个方程，一举将图像质量提高了30%，达到国内领先、国际先进水平。

三、一个算法挽救一台武器装备

2008年，某型号装备在演示验证中，目标测量数据出现严重误差，使该型号装备研制陷入困境。

提起"数据"这个词，研制单位立即想到了国防科技大学理学院数据分析技术创新团队。求援电话打过去，3名教授犹如战士接到了出征的命令，立即动身赶赴试验现场。

这是一个十分棘手的问题，国内研究单位攻关十余年未能取得突破，国际上也没有现成方法可供参考。

专家们深知，如果问题得不到解决，装备研制人员多年攻关的成果将功亏一篑。3名数学专家在条件艰苦的试验场安营扎寨，心无旁骛开始攻关。

60多个日日夜夜，经历数不清的挫折和失败，他们终于从纷繁复杂的数据中，锁定了影响目标测量预报的关键参数，找到了解决问题的突破口，并创造性地提出了一个算法，彻底解决了数据预报误差问题，让这台武器装备获得"新生"。

四、一个软件将定轨精度提高一个量级

分布式卫星的定轨精度，是衡量一个国家空间技术发展水平的重要标志。由于我国在这方面起步较晚，定轨精度与国际先进水平相比还有差距。

为改变这一现状，我国组织多领域专家经过10余年联合攻关，各分系统有关定轨精度的技术指标取得了重大突破。然而，当总体单位将各分系统"组合"起来进行整体试验时，却出现了令专家们惊诧的结果：精度与当初的设计要求相差甚远。

问题出在哪里？参与联合攻关的该校理学院一位年轻博士突生灵感。经过连续几天的试验数据分析，他隐隐约约地发现：精度误差随着时间呈一定规律性变化。

他像哥伦布发现新大陆一样兴奋，立即着手进行数据误差分析，并将时间处理程序嵌入到一个相关软件中，经过实验验证后，再用这个改进后的软件进行数据处理时，精度完全达到要求。

研制单位大喜过望，按照他改造的这个软件，用来校准卫星时钟精度和进行卫星轨道参数处理，难题迎刃而解，精度被提升了一个量级。

与上述案例类似，如果雷达只是定性地发现目标，其意义也不大；还需要定量地测量目标参数。前者称为雷达检测，后者称为雷达参数提取或雷达参数估值。本章将在前两章的基础上，讲述雷达是如何"测量"目标参数的。随着雷达技术的发展，雷达的功能越来越完善，除了最初的测距功能之外，还具有对目标测角、测速、自动跟踪以及分辨、识别等许多功能。

本书第2章介绍雷达信号处理机时曾提到雷达信号处理的一般流程：数据准备、数据预处理、门限检测、参数测量、分析解算。其中，参数测量、分析解算就涉及目标定位、跟踪乃至识别具体参数的测量和解算，本章将主要介绍这些内容。

本章导读

本章解释的主要问题有：

（1）雷达是如何测量目标定位的基本参数的，即雷达是如何测量点目标距离、角度、速度的？

（2）雷达是如何进行目标跟踪的？

（3）雷达是如何识别目标的？

3.1 距离测量

当雷达探测到目标的时候，雷达使用人员一般最先关心的问题就是"这个目标距离本雷达有多远"。实际就是目标的距离参数。

如果测量出目标的距离参数，就可以知道目标有多远，将目标定位在一个半球面上（图3.1）。图3.2展示了本节内容相互之间的联系。

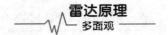

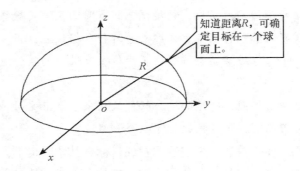

图 3.1　目标距离对目标定位的贡献示意图

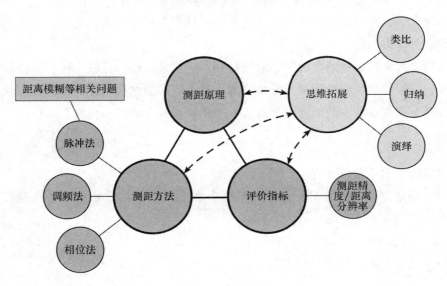

图 3.2　3.1 节知识点的思维导图

3.1.1　距离测量原理

如果只有计时工具，没有测量长度的工具或者工具不够长，该如何测量两点之间的距离呢？容易想到，我们可以通过测量已知速度运动体的运动时间来计算两点之间的距离（图 3.3）。

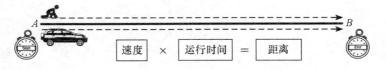

图 3.3　距离测量原理示意

如果只有一个计时者，又不愿移动位置，就可以测量运动体的往返时间来计算两点的距离，此时运行时间是移动两倍距离的时间，因此取一半即可（图3.4）。

图3.4　距离测量原理示意

需要注意的是，无论是人，还是车，在运动过程中都很难保持匀速，因此，这种计算方法本身就包含了速度误差。

值得庆幸的是，雷达探测目标过程中辐射并接收的电磁波在大气中传播的速度误差是可以忽略不计的，在多数情况下传播速度近似于光速，因而，雷达可以采用这种方法来测量目标的距离参数。目标回波相对于雷达辐射波的延迟时间即为电磁波"跑"完两倍距离的运行时间。这就是雷达测量距离的基本原理。

目前，雷达测量距离的方法主要有脉冲法、调频法和相位法。

3.1.2　脉冲法

对于脉冲雷达而言，回波脉冲相对于发射脉冲的延迟时间就是目标回波相对于雷达辐射波的延迟时间，测量起来更为方便。现代雷达最常用的测距法就是脉冲法（也称脉冲延迟测距法）。

雷达工作时，发射机经天线向空间发射一串重复周期一定的高频脉冲。如果在电磁波传播的途径上有目标存在，那么雷达就可以接收到由目标反射回来的回波（图3.5）。

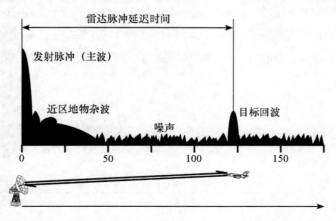

图3.5　目标回波的延迟时间测量示意图

由于回波信号往返于雷达与目标之间，它将滞后于发射脉冲一个时间 T_r。我们知道电磁波的能量是以光速 c 传播的，设目标的距离为 R，则传播的距离等于光速乘以时间间隔，即：

$$2R = cT_r$$

式中，R 为目标到雷达站的单程距离，单位为米（m）；T_r 为电磁波往返于目标与雷达之间的时间间隔，单位为秒（s）；c 为光速，即 3×10^8 m/s。

脉冲法测距虽然原理简单，但是很多细节问题还是值得注意的！

3.1.3　测距相关问题

问题一：这个往返时间非常短！

由于电磁波传播的速度很快，雷达技术常用的时间单位为微秒（μs），回波脉冲滞后于发射脉冲为一个微秒时，所对应的目标斜距离为：

$$距离 = \frac{1}{2} \times 光速 \times 1\,微秒 = \frac{1}{2} \times 3 \times 10^8\,m/s \times 1 \times 10^{-6}\,s = 150\,m = 0.15\,km$$

那么，一毫秒的时间呢？为一微秒的 1 000 倍，即 150 km。

可见，雷达探测目标是瞬间发生的事情，把这个时间与人的平均最快反应速度（约为 0.6 s）比较，就可以知道雷达内部的时钟需要达到何等精准的程度了！

问题二：这个时间需要非常准！

由于大多数雷达探测的目标距离都不超过 400 km，所以在这么短的往返时间里，哪怕是一微秒的误差，都可能会造成 150 m 的距离误差。因而，对于雷达测距来讲，目标回波的延迟时间要求测量得非常精准，才能满足测距精度。

这就带来三个新的问题：

一是时间点的选择。雷达接收机接收到的回波，不会像发射脉冲那样规则。所以有两种选择：第一种是以回波脉冲前沿为时间基准，即设定一个比较电平，回波幅度超过该比较电平的时刻即判定为回波到来的时刻，这种方法的缺点是易受回波大小、噪声、比较电平大小影响；第二种是以回波脉冲峰值为时间基准，这种方法误差较小，无须比较电平（图 3.6）。

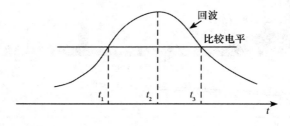

图 3.6　脉冲延迟时间点的选择

二是影响测距精度的因素，这与所有测量一样，包括系统误差和随机误差。系统误差一般可以设法修正，因此要更多考虑减小随机误差。比如，电磁波本身在不同介质中传播速度略有不同带来的误差、大气折射带来的误差、测读方法的误差等。

三是同一方向上两个大小相等点目标之间最小可区分距离。如果两个目标距离非常近，可能它们的回波无法区分，所以这个时间的测量精度与雷达脉冲宽度有关，脉冲宽度越窄，这两个回波越可能被区分。

问题三：这个时间可能会有歧义！

这个问题被称为距离模糊。由于雷达测量的回波延迟时间是该回波相对于在它之前最晚发射的发射脉冲的延时，于是带来一个问题，如果某部雷达比较"急躁"，在某一发射脉冲的回波还没有全部回来之前就发射了其他若干脉冲出去，那么，就会造成测量的回波延迟时间比其实际延迟时间偏短的情况，这就是所谓的"距离模糊"，或者说，此时测得的延迟时间是有歧义的，需要辨别它到底是哪个发射脉冲的回波，以便计算出目标的真实距离（图3.7）。

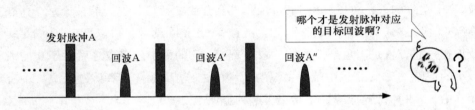

图3.7 脉冲模糊示意图

如果雷达发射脉冲间隔很短，也就是脉冲重复频率（PRF）很高，不模糊距离是很短的。

解决这一问题的过程叫"解模糊"。

目前所有解模糊的方法本质上都是应用"中国余数定理"，如《孙子算经》中记载的余数求解问题：

今有物不知其数，

三三数之剩二，

五五数之剩三，

七七数之剩二，

问物几何？

这个问题也被称为"韩信点兵"。用现代数学来描述，就是"有个数，除以3余2，除以5余3，除以7余2，这个数是几?"

解法也有这样的描述：

三人同行七十稀，

五树梅花廿一枝；

七子团圆正半月；

除百零五便得知。

（注："廿"即二十）

即计算 $(2 \times 70 + 3 \times 21 + 2 \times 15)$ 除以 105 的余数，这一余数等于 23，就是原数。

为什么这样计算呢？这一定理是根据除数（3、5、7）和相应的余数（2、3、2）来反推被除数，即什么数同时满足除以 3 余 2、除以 5 余 3、除以 7 余 2，而且 23 加上 105 的整数倍都满足这个条件，具体取值多少还要根据实际情况来选定。求解的方法也是根据除数来设计的，可以观察得出。

$70 = 5 \times 7 \times 2$（3 以外的两个除数的乘积是 35，因不能满足除以 3 余 1，故再乘以 2）

$21 = 7 \times 3$（5 以外的两个除数的乘积是 21，满足除以 5 余 1）

$15 = 5 \times 3$（7 以外的两个除数的乘积是 15，满足除以 7 余 1）

$105 = 5 \times 7 \times 3$（所有除数的乘积）

上面是古人给出的一种解法，实际上可以按照题意逐一破解："三三数之剩二"加上能被 5、7 整除的数，可以算出 140 满足；"五五数之剩三"加上能被 3、7 整除的数，可以算出 63 满足；"七七数之剩二"加上能被 5、3 整除的数，可以算出 30 满足；将这三个数加在一起，就是满足条件的数，减去 3、5、7 的最小公倍数之后大于 0 的数就满足，最小的数就是 23。张景中院士主编的《中国古算解趣》《古算诗题探源》中有具体说明，其中，《古算诗题探源》中给出了七种解法。

在雷达系统中，共有四种方法应用中国余数定理解模糊。

（1）多种脉冲重复频率判模糊（参差重频法）

发射脉冲的重复频率有多种，就像余数定理中对未知数的求解过程用不同的"除数"，这里的"脉冲重复频率"类似于"除数"，得到的"延迟时间"类似于余数定理中"余数"，一般通过 3~5 种不同的脉冲重复频率对目标距离进行解算（图 3.8）。与余数定理不同的是，由于脉冲重复频率一般不是整数，很难进行精确计算。于是产生了 4/5 或 3/5 准则进行近似推导，具体来说就是，如果有 5 种脉冲重复频率，其中有 4 种或 3 种符合近似计算结果即可停止运算。

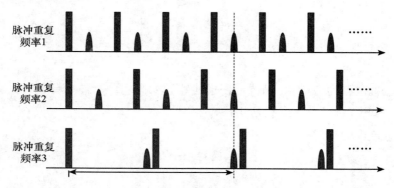

图 3.8　多种脉冲重复频率判模糊（参差重频法）示意图

（2）"舍脉冲"法判模糊

所谓"舍脉冲"，就是每在发射一定数目（设为 M）的脉冲中舍弃某一个，作为发射脉冲串的附加标志。与发射脉冲相对应，接收到的回波脉冲串同样是每 M 个回波脉冲中缺少一个。这种方法对 M 有要求，要大于雷达需测量的最远目标所对应的跨周期数。这种方法本质上是要解决给脉冲加标志的问题，使得同一目标回波相对于不同组的发射脉冲得到不同的延迟时间，即不同的"余数"（图 3.9）。

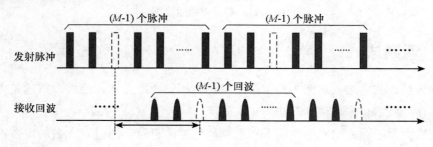

图 3.9 "舍脉冲"法判模糊示意图

（3）编码脉冲

编码脉冲让每个脉冲都有标记，其回波自然可以消除歧义，但实现起来比较困难（图 3.10）。

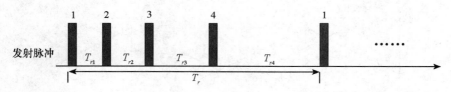

图 3.10 编码脉冲示意图

（4）相关法（重合法）

相关法实际上是方法一的反推方法，即由不同的余数，通过加上相应脉冲重复周期的若干倍，直至得出相同数值，即为目标的真实延迟时间。

例如：用两种重复频率（脉冲重复周期分别为 5 μs 和 7 μs）测得的延迟时间分别为 2 μs 和 3 μs，则解法如下：

$$2 \ \mu s: 2 + 5 = 7, \ 2 + 2 \times 5 = 12, \ 2 + 3 \times 5 = 17, \ \cdots\cdots$$
$$3 \ \mu s: 3 + 7 = 10, \ 3 + 2 \times 7 = 17, \ 3 + 3 \times 7 = 24, \ \cdots\cdots$$

找出相同数值 17，解出目标真实距离：

$$R = \frac{1}{2} c \cdot (17 \mu s) = 2550 \ \text{m}$$

问题四：有些时间可能测不到！

这就是所谓的"脉冲遮挡与距离盲区"，实际上就是雷达在发射状态和接收状态的转换期间可能无法正常接收到目标回波。脉冲遮挡即在发射期间无法接收，距离盲区即为无法接收到的回波造成的"看不到"区域。距离遮挡的示意图如图 3.11 所示。

无遮挡　　　　　不完全遮挡　　　　　完全遮挡

图 3.11　脉冲遮挡示意图

3.1.4　调频法

脉冲法是机载雷达或对测距要求高的雷达常用的测距方法，连续波雷达是无法采用的，因而连续波雷达多采用调频法。

调频法类似于脉冲法解模糊所采用的编码脉冲的思路，通过对发射的电磁波进行频率调制，让每一时刻发射出的电磁波的频率都不同，从而可以从回波频率中直接解算出其延迟时间，计算目标的距离。

频率调制常用三角波调制或正弦调制，即频率在时间上按三角形规律或按正弦波规律变化（图 3.12 和图 3.13）。

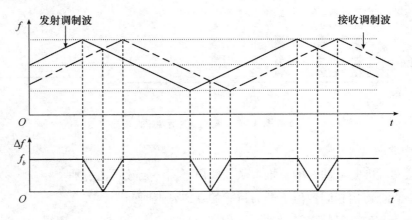

图 3.12　三角形波调制

注：发射信号为三角形调频连续波；利用频率计测量收发信号频差。

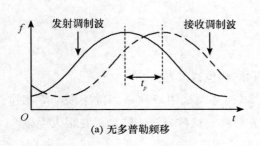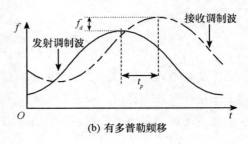

(a) 无多普勒频移   (b) 有多普勒频移

图 3.13　正弦波调频

注: 三角波调制需要严格线性调频, 工程上实现较困难, 实际中常用正弦波调制, $F = 1/T$ 为调制频率。

由于运动目标本身可能会产生多普勒频移, 造成频率变化, 因此这种测距方法对于运动目标误差很大, 而且难以同时测多个目标、收发难以完全隔离。

◎联想

调频法实际上和脉冲法解模糊的编码脉冲法很像, 如果先不考虑调制的周期性, 就可以看作对不同时间发射的电磁波信号用不同的频率标记编码。

3.1.5　相位法

相位法测距本质上就是将回波延迟时间的测量转化为收、发信号之间的相位差来测量, 因为这个相位差是因为目标回波的延迟时间造成的 (图 3.14)。

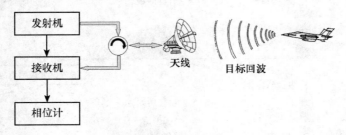

图 3.14　相位法测距的原理组成框图

用数学语言描述:

发射信号:

$$\sin\left(2\pi f_0 t\right)$$

接收信号:

$$\sin\left[2\pi f_0\left(t - T\right)\right]$$

其中 T 是延迟时间。

相位差:

$$\Delta\varphi = 2\pi f_0 T = 4\pi f_0 R/C$$

目标距离：

$$R = \frac{c\Delta\varphi}{4\pi f_0} = \frac{\lambda}{4\pi}\Delta\varphi$$

具体实现过程中就用到了本书第 1 章提到的相位检波器。

采用这种方法测距时，一般相位差超过 2π，必须采用双频率相位法来消除相位多值性，获得距离测量值。如果目标存在多普勒频移，这种方法一样会存在很大误差。

3.1.6 主要质量指标

测距的主要质量指标有测距精度和距离分辨率两项。

（1）测距精度是指测得的目标距离相对于目标的真实距离的误差。

（2）距离分辨率是指，当两个目标位于同一方位角，但相对雷达的距离不同时，二者被雷达区分出来的最小距离。从雷达接收脉冲信号的角度观察，当较近目标回波脉冲的后沿（下降沿）与较远目标回波的前沿（上升沿）刚好重合时，作为可分辨的极限，此时对应的两目标间的距离就是距离分辨率（图 3.15）。

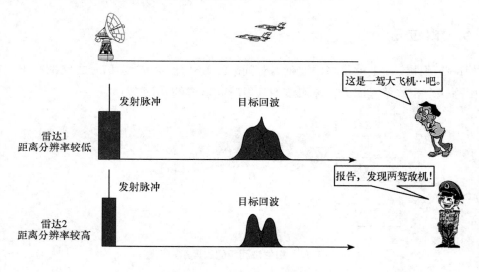

图 3.15　距离分辨率示意图

◎类比

> 如果从量子科学的角度联想，将电磁波中携带着能量的无形载体想象成一个个小"光子"，那么，这些迅捷无比的小"光子"是否就像雷达派出去的"侦察兵"？这些"侦察兵"遇到反射体后就会被反射，一部分反射回来的，就携带着包括反射体距离信息在内的许多信息，让雷达再去解读。

◎归纳

　　目标距离测量可以让雷达计算出"目标距离雷达有多远"。目前，主要有三种测距方法——脉冲法、调频法和相位法。其中，脉冲法是直接测量目标回波的延迟时间的，原理简单，但具体计算过程中有很多细节问题，是目前最常用、测量精度最高的测距方法。

◎演绎

　　（1）测量距离的三种方法中，脉冲法是直接测量目标回波的延迟时间的，调频法和相位法本质上是将目标回波的延迟时间分别"隐含"在频率和相位之中再加以解算。从这一点可以看出，频率和相位作为电磁波波形的两大特征，几乎包含了电磁波能够承载的全部信息，正因如此，雷达测量目标参数所展开的计算，都围绕相位和频率展开。请仔细想想，脉冲法中脉冲到达时间的选择是否隐含着对相位的要求？距离解模糊的过程中是否也隐含着对某种频率的解算？

　　（2）是否可以对距离测量做一个扩展？如果连续地对运动目标的距离进行准确测量，是否可以推导该目标的速度，从而推演出关于目标的其他信息？

3.2　角度测量

　　完成距离参数的测量之后，是将目标定位在某个半球面上，如果需要对目标进一步定位到点，就需要知道目标的方向，一般用角度来描述。目标的方位角或俯仰角对目标定位的贡献如图 3.16 所示。

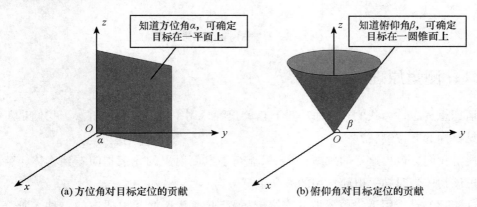

图 3.16　目标角度对目标定位的贡献示意图

　　综合目标距离和角度信息，就可得到目标的三坐标参数，从而对目标进行定位，如图 3.17 所示。

　　图 3.18 展示了本节内容相互之间的关系。

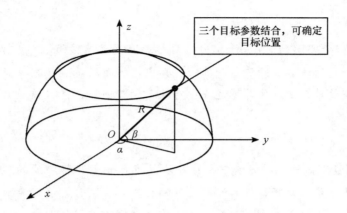

图 3.17　三坐标目标定位的示意图

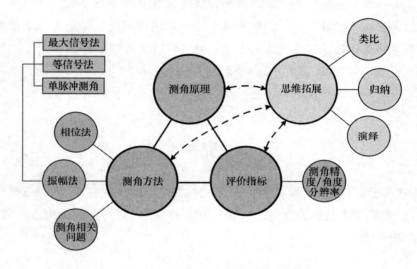

图 3.18　3.2 节内容的思维导图

3.2.1　测角原理

请您想一想，当我们在伸手不见五指的夜晚，用手电筒照明的时候，我们是怎样判断所见目标的方位的呢？

通常我们会做出这样的判断："如果能在手电筒射出的光束指向看到物体，就可以判断出该物体当时在手电筒探照的方向上。"

这实际上是应用了"电磁波的直线传播原理"。由于光是电磁波的一种，所以光也是沿直线传播的，目标散射或反射电磁波到达的"被接收"方向，即为目标相对于"被接收方"所在方向。

同理，雷达也可以根据其天线波束指向来判断目标的方位，于是可以概括地说，雷达测角的物理基础是电磁波在均匀介质中传播的直线性和雷达天线的方向性。

实际情况下，电磁波并不是在理想均匀的介质中传播，如大气密度、湿度随高度变化的不均匀性造成传播介质的不均匀，复杂的地形地物的影响等，因而使电波传播路径发生偏折，从而造成测角误差（图 3.19）。通常在近距测角时，此误差可忽略，仍可近似认为电波是直线传播的。当远程测角时，应根据传播介质的情况，对测量数据（主要是仰角测量）做必要的修正。

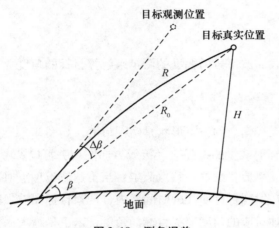

图 3.19　测角误差

◎补充

角度单位一般采用度（°）或密位（mi）表示，其关系为：

$360° = 6\ 000\ \text{mi}$ 　　　　　　　　$1° \approx 16.7\ \text{mi}$

国外常用角度单位为弧度（rad），度及毫弧度（mrad），其关系为：

$1\ \text{rad} = 1000\ \text{mrad} \approx 57°$ 　　　　$1\ \text{mrad} \approx 0.057°$

3.2.2　相位法

相位法测角的基本原理就是利用多个天线所接收回波信号之间的相位差进行测角，因为远场条件下，接收点处目标回波均为平面波，两天线接收的信号相位差主要由波程差（电磁波走过的路程之差）引起，而这个波程差与目标的角度是有联系的（图 3.20）。

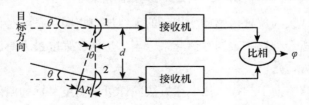

图 3.20　相位法测角的基本原理

很显然，当目标方向变化时，两天线接收到的回波信号的波程差会发生变化，如果用几何关系来描述，这个路程差是以两天线之间连线为斜边的直角三角形的直角边之一；如果用数学语言来描述，这个路程差等于两天线之间连线长度乘以目标方向角 θ 的正弦值 $\sin\theta$。

于是测出了相位差，就可以反推波程差，由于两天线之间的距离是已知的，就可求得目标方向角的正弦值，利用反正弦计算就可求得目标的方向角。

可以推算出，两天线之间距离越大，这个波程差就越大，测量精度越高。

3.2.3　振幅法

振幅法通过对接收回波信号的幅度的测量来解算目标的角度。

3.2.3.1　最大信号法

由于大多数雷达天线辐射的波束形状是纺锤形的，如图 3.21（a）所示，这个"棒槌"的顶点对应天线辐射能量的最强点（天线方向图相关可以参考第 2 章天线部分）。

最大信号法基于波束形状的这一特点假定：当雷达波瓣顶点对准目标时，目标回波的强度最大。因此，在发现目标回波的时间段内，搜索目标回波强度的最大值点，雷达在该点时的波束中心轴对应的角度即为目标的角度，这也是最大回波法的测角原理（图 3.21（b））。

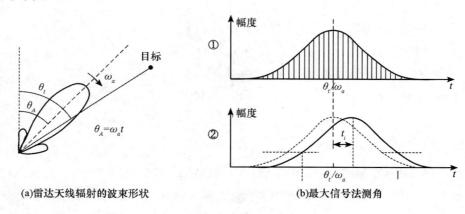

(a)雷达天线辐射的波束形状　　　　(b)最大信号法测角

图 3.21　最大信号法测角原理

实际设备当中，天线位置传感器所指示的天线波束指向角是实时传递给雷达信号处理机的，信号处理机会把这些数据存储起来，当雷达回波强度最大时，该时间点的天线指向角即为目标的方位角。

如果波束在垂直方向上扫描，用上述方法同样可以测定目标的俯仰角。

具体解算方法可以取平均，然后搜索回波幅度"包络"的极大值点。

此外，还可以用角度波门搜索这个最大值点，这种方法类似距离跟踪（参见本章 3.5 节中的距离自动跟踪部分）。

3.2.3.2　等信号法

等信号法采用两个相同形状但指向略有偏差、部分重叠的波束交替扫描照射目标，只有天线方向轴对准目标时，两波束接收的回波强度才相等，此时天线指向角就是目标的角度；当目标偏离等信号轴时，根据两波束接收回波信号的幅度差也可计算目标偏离等信号轴的角度，根据等信号轴的指向角和偏离角同样可以计算出目标的角度（图3.22 和图 3.23）。

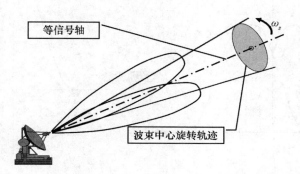

图 3.22　等信号法雷达波束示意图

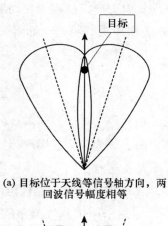

(a) 目标位于天线等信号轴方向，两
回波信号幅度相等

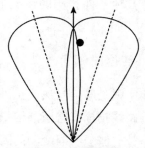

(b) 目标偏离天线等信号轴方向某一
角度θ，两回波信号幅度有差值

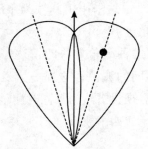

(c) 目标位于某一波束中心轴方向，
只有一路回波信号

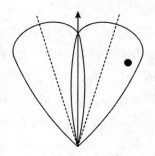

(d) 目标即将脱离两波束

图 3.23　两波束接收回波幅度与目标角度的关系

两波束在某一方向上辐射的方向图是部分重叠、彼此独立的，当目标出现在某一方向上时，两波束都会接收到回波信号，此时，雷达信号处理机内部会自动生成各方向的和波束和差波束的分布曲线，最后根据测得的和波束、差波束的具体值（对应相应分布曲线上一点）在曲线上的对应关系就可定位目标的角度（图3.24）。

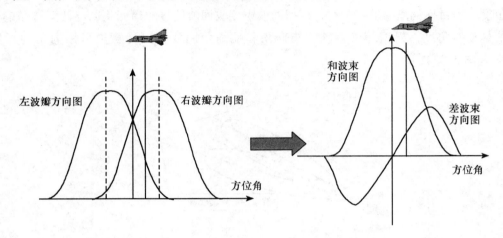

图 3.24　等信号法两波束幅度曲线及和差波束幅度变化曲线

等信号法测角精度高，由测量误差极性可判明偏离方向，故用于自动测角。但与最大信号法比较，其他条件相同的情况下，这种方法作用距离稍近，而且一般需要多个通道。

3.2.3.3　单脉冲测角

单脉冲测角实际是等信号法演化进步的结果，最初等信号法测角需要的两波束是雷达天线采用圆锥路线扫描或隐蔽圆锥扫描顺序形成的，因为两个波束探测到目标有一个时间差，很容易被一些短时间变动的因素干扰。于是雷达专家们发明了精度更高、更稳定的"单脉冲"测角法——利用单个脉冲同时生成两个波束，测量目标角度。

单脉冲测角的精度可达 0.1 mrad。举例来说，雷达采用单脉冲测角法对 100 km 远处的目标进行角度测量，测出目标的横向误差不超过 10 m。

那么，两个波束是如何同时生成的呢？采用这种测角方法的雷达一般采用阵列天线，将天线分成若干子阵，用不同的子阵发射不同的波束，这样一个发射脉冲到来之后，就可以触发各子阵同时生成各自的探测波束。现代雷达为了同时测量目标的方位角和俯仰角，往往将天线至少分成四个子阵，同时生成四个波束（图3.25）。

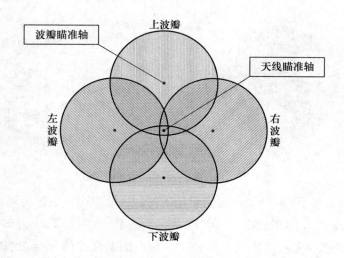

图 3.25　阵列天线四个子阵波瓣截面

还有一种方案是采用多个馈源，比幅单脉冲用两个馈源输出之和形成高增益、低副瓣波束。和波束既可用于发射，也可用于接收，以探测目标；用两个馈源生成的两个波束之差叫差波束，只用于接收，实现角度测量。反馈环路通过机械装置控制天线指向，保持差波束零点（对应于和波束峰值）对准目标，使差波束接收的回波信号最小。

单脉冲测角的解算方法与等信号法是一样的，也是利用信号处理机内部会自动生成各方向的和波束和差波束的分布曲线，最后根据测得的和波束、差波束的具体值（对应相应分布曲线上一点）在曲线上的对应关系就可确定目标的角度。

雷达天线连接和差比较器可以直接生成和信号和差信号，如图 3.26 所示。和波束是两波束的接收信号在传输线中走过相同长度的路径（1/4 波长）"相遇"形成同相叠加；差信号是两路接收信号分别走过 1/4 波长和 3/4 波长之后"相遇"形成反相叠加。最后通过相位检波器输出两者的相位差，再根据相位差解算出角度。

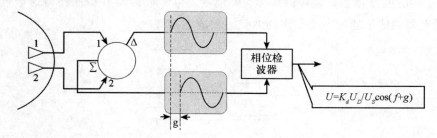

图 3.26　和、差波束形成示意图（Σ 代表和路信号，Δ 表示差路信号）

双 T 波导是和差比较器的常见形式之一，下面以双 T 波导为例，说明和差比较器的工作原理。如图 3.27 所示，双 T 波导有四个端口，其中端口 1 和 2 为输入端口，端口 Δ 和 Σ 为输出端口。

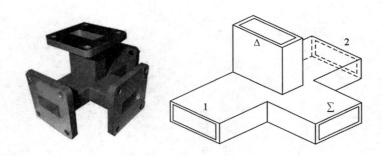

图 3.27　和差比较器（双 T 波导形成）

端口 1 和端口 2 到达端口 Σ 的距离是相等的，因此电磁波走过的路程相等，相参的电磁波信号会在端口 Σ 同相叠加，生成和信号；端口 1 和端口 2 到达端口 Δ 的距离相差 1/2 波长，因此电磁波走过的相位差为 180°，相参的电磁波信号会在端口 Δ 反相叠加，生成差信号（图 3.28）。

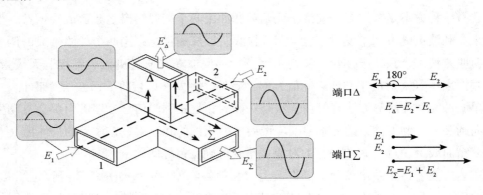

图 3.28　和差比较器的各路输入输出信号

图 3.29 为和差比较器的原理图，实际上它就是利用电磁波的叠加原理使两路信号"走"过不同的波程相遇，直接得到和、差信号。电磁波的奇妙特性使得这个过程非常简单，用无源的传输器件即可实现两波束的相加和相减。

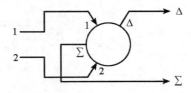

图 3.29　和差比较器的原理电路

3.2.4　测角相关问题

3.2.4.1　相位法测角的多值性问题

利用相位法测角，求得的方向角正弦值可能对应多个角度，这本质上是由相位变化的周期性引起的。目前常用的解决方法是采用三天线测角。设采用三个天线 1 号、2 号、3 号，一般用间距相对小的天线来解"模糊"，而用间距大的天线来提高精度。

3.2.4.2　等信号法相关问题

可以分析出，两波束幅度完全相同，对于等信号法测角精度是非常重要的，如果两波束幅度不一致，差信号直接不为零，此时很难根据回波幅度判断目标相对于等信号轴的方向角变化。

为提高测角精度，雷达会根据自己的波束形状调整波束辐射方式，比如，扇形波束在扇面方向展开很宽，在垂直扇面方向很窄，于是就可以用垂直扇面方向的窄波束测角（图 3.30）。

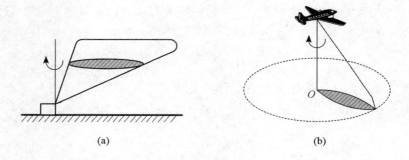

(a)　　　　　　　　　　(b)

图 3.30　扇形波束的不同扫描方向示例

3.2.5　主要质量指标

测角的主要质量指标有测角精度和角度分辨率两项。

（1）测角精度是指测得的目标角度相对于目标的真实角度的误差。

（2）角度分辨率是指当两个目标位于同一距离，但相对雷达的方位角不同时，二者被雷达区分出来的最小角度差（图 3.31）。

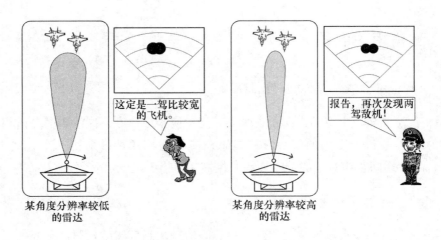

某角度分辨率较低
的雷达

某角度分辨率较高
的雷达

图 3.31　角度分辨率

◎ 类比

　　还是从量子科学的角度联想，将电磁波中携带着能量的无形载体想象成一个个小"光子"，那么，这些迅捷无比的小"光子"是否就像雷达派出去的"侦察兵"？这些"侦察兵"遇到反射体后就会被反射，由于这些"侦察兵"的行军路线是有规律可循的（遵循直线传播定律），一部分会反射回来，就携带着包括反射体所在方位信息在内的许多信息，让雷达解读。

◎ 归纳

　　角度测量可以让雷达知道"目标相对雷达在哪个方位上"。测角方法主要可以分为两大类，如图 3.32 所示，目前常用的方法是单脉冲测角。

图 3.32　角度测量方法归纳

◎ 演绎

　　雷达测角更多地与电磁波的相位联系在一起，相位法是直接将目标角度与两路波的相位差联系在一起，通过相位差解算目标角度；振幅法中，最大信号法是在搜索回波信号幅度波动形成的波峰点——相位值在 $90°$ 位置的点；等信号法一般是将两路回波信号一方面通过同相相加形成和波束，另一方面通过反相（时两路信号的相位差为 $180°$）叠加形成差波束，再解算目标的角度。

　　请想一想，最大信号法的假设在实际探测过程中一定成立吗？也可以评估一下这一假设或基本原理的合理性。

可以推演一下，在实际测量过程中：

（1）如果目标是静止的，雷达波束扫描过目标时是否一定会扫到同一个点？目标回波的强度是否只和波束形状有关？（2）如果目标是运动的，雷达波束扫描过目标时是否一定都会扫到同一个目标？雷达回波的强度是否受目标本身形状和运动情况影响更大？

（3）雷达辐射出的电磁波和回波信号在传播过程中，是否也会受到大气衰减、折射等因素的影响？

（4）有些时候，雷达还会受到太阳风等意外的自然干扰或人为干扰，使得接收回波更为复杂，这种情形下，最大信号法的可靠性又会受到怎样的影响？

（5）雷达的波束宽度和波束形状本身，是否也是一个难以形成中心极大值的因素？

思考上述问题，您也许就会发现，最大信号法测角过程简单，实测角坐标时，波束最大值对准目标。这样测量时信噪比最高，测远距离目标有利，但是，实际测量过程中，由于目标、传播途径和接收过程的复杂性，这种方法往往测角精度低，而且无法判断目标偏离天线波束轴线的方向，不能用于目标自动测角，故不能用于跟踪雷达。

3.3　速度测量

如果目标是静止的，用上述三坐标信息就可以对目标定位。但是，如果目标是运动的，就需要进一步获得目标速度信息，从而可以预测目标在该测量时刻的下一时刻所在的位置。雷达测速主要依据的是电磁波的多普勒效应。

图3.33 展示了本节内容之间的相互联系。

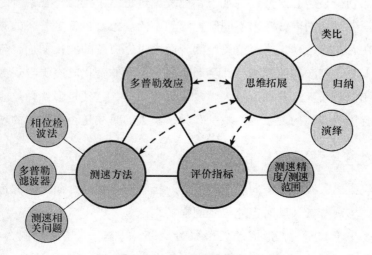

图3.33　3.3节的思维导图

3.3.1 多普勒效应

电磁波对于波源和接收者来说，就像一根无形的纽带，这根纽带也可以被想象成一根弹簧；蛇形弹簧的状态变化与电磁波的形式更为接近。当波源和接收者之间有相对运动的时候，这根弹簧就会发生拉伸或压缩，形成多普勒效应（图 3.34）。

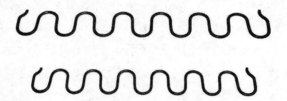

图 3.34　蛇形弹簧的拉伸和压缩

3.3.1.1　发现

多普勒效应是以发现者的名字命名的。发现者多普勒是在一个休息日带孩子出去玩时想到这一问题的。布拉格理工学院附近有一条铁路，多普勒就带孩子去那里散步。孩子们看着一列火车从远处开来，再呼啸而去，拍手叫好。多普勒却被这个现象给迷惑了，他在想为什么火车在靠近时笛声越来越刺耳，在火车通过他们之后，声调骤然降低。随着火车快速地远去，笛声响度则逐渐变弱，直到消失。换作常人，不会觉得这有什么稀奇。这似乎没有什么值得关注和研究的——自然是发声的物体距离我们越近，声音越响亮啊。但就是这个平常的现象吸引了多普勒的注意，笛声声调变化的原理是什么呢？他一直想着这个问题，忘了自己是带孩子出来玩的，他一直想到天黑才回家。

后来，多普勒一直潜心研究这种现象，他发现这是由于振源与观察者之间存在着相对运动，使观察者听到的声音频率不同于振源频率的现象，也就是著名的频移现象。声源和观测者存在着相对运动，当声源离观测者而去时，声波的波长增加，音调降低；当声源接近观测者时，声波的波长减小，音调升高。音调的变化同声源与观测者间的相对速度和声速的比值有关。这一比值越大，改变就越明显，这就是多普勒效应的定义。

生活中还有哪些类似的现象呢？救护车驶来驶去的时候是否有类似的现象呢？

3.3.1.2　效应

多普勒效应指出，波在波源向观察者接近时接收频率变高，而在波源远离观察者时接收频率变低。当观察者移动时也能得到同样的结论。

当相对速度小于波速时，形成的效果如图 3.35 和图 3.36 所示。图 3.35 是接收者运动的情况，其中，图 3.35（a）显示了波源和接收者之间的初始状态，图中选定了接收者的初始位置为参考点；图3.35（b）为波源和接收者之间发生相近运动时，"弹簧"被压缩的状态，此时联系两者之间的电磁波的频率会增加；图3.35（c）为波源和接收者之间发生相离运动时，"弹簧"被压缩的状态，此时联系两者之间的电磁波的频率会减小。图3.36表示波源运动的情况，此时，与波源发生相近运动的接收者会接收到频率变高的波（波面传播的速度加快，波面较为密集）；而与波源发生相离运动的接收者则发生相反的情况。

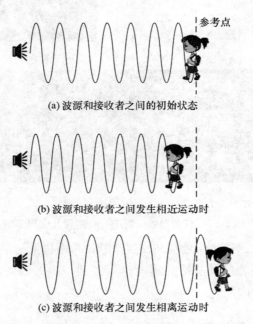

图3.35 相对速度小于波速时的多普勒效应（接收者运动）

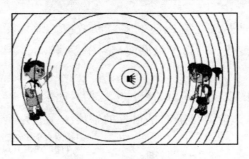

图3.36 相对速度小于波速时的多普勒效应（波源运动）

需要指出的是，这里所说的是相对运动，如果接收者或波源不是单纯在两者的连线方向上运动，需对运动进行分解，只有在两者连线方向上的速度分量对频率改变有贡献，如图3.37（a）所示。

多普勒效应的应用范围之广超乎人们的想象，它适用于所有类型的波。图3.37（b）展示了水波被移动的振源扰动的情况，可以看到振源两侧的水波密度是不同的；

比如识别天体的运动（图3.37（c））和医学上的超声波技术（图3.37（d））。

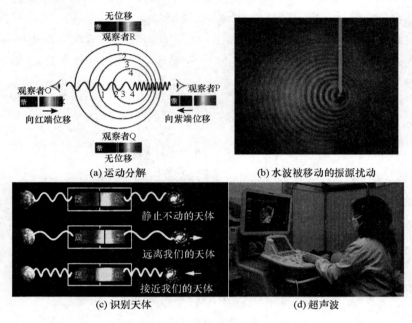

(a) 运动分解 （b) 水波被移动的振源扰动

(c) 识别天体 （d) 超声波

图3.37　多普勒效应的进一步解释及应用示例

　　生活中经常可以见到移动信号基站，这些基站为手机发送信号，以完成人们通话和上网的需求。要知道移动信号基站的建设也考虑到了多普勒效应；警方用雷达侦测车速，也是多普勒效应的应用之一。

3.3.2　多普勒效应与雷达测速

　　测量目标速度的物理基础是电磁波的多普勒效应，即目标相对于雷达有相对运动时，回波的频率会发生变化，通过测量回波相对于发射波的频率变化量，即可计算出两者之间的相对速度。

　　电磁波多普勒频移的变化计算出的是目标的相对速度！

　　如图3.38所示，雷达能测量出的是目标的速度矢量在两者连线方向的分量，而垂

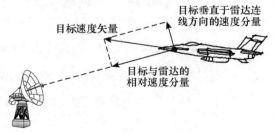

图3.38　目标与雷达相对速度示意图

直于两者连线方向的速度分量由于对多普勒频移没有贡献而无法测出。

电磁波多普勒频移的变化还可以推算目标的相对速度的方向！

多普勒频移可能会使回波频率增加或减少，这取决于相对速度的方向。如果目标向雷达方向做相近运动，频率增加；如果目标向远离雷达方向做相离运动，频率减少。如图 3.39 所示。

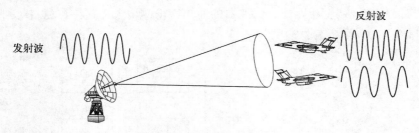

图 3.39　目标与雷达相对速度运动引起频率变化示意图

可以通过数学推导得出，多普勒频移的相对值正比于目标速度与光速之比（比值为发射信号频率的 2 倍）。

3.3.3　基本方法

雷达信号处理常用的检测目标回波多普勒频移的方法有两种，分别是相位检波法、多普勒滤波器组。

3.3.3.1　相位检波器

输入：回波信号（经过下变频处理）和相参频率基准信号（与发射信号经同样的下变频处理后相同的相参信号）。

输出：幅度受调制的脉冲串（蝶形效应）。

这种方法实质上是通过相位检波器检测回波信号与发射信号的相位差，因为这个相位差与两者的频率差是相关的。对于固定目标，其回波与基准信号的相位差保持常数，故终端合成电压的幅度保持不变；对于运动目标，由于回波频率与发射信号存在一个等于多普勒频移的频率差，导致相应位置的信号波形相位发生了改变。显然，相位改变的周期与多普勒频移是相关的，可以通过数学计算得出结论：相位改变周期的倒数正好等于目标的多普勒频移。

包络检波器输出正比于合成信号振幅，对于固定目标，合成矢量不随时间变化，检波器输出经隔直直流后无输出，而运动目标回波与基准电压的相位差随时间按多普勒频移变化，即回波信号矢量围绕基准信号矢量端点以等角速度旋转。

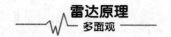
3.3.3.2　多普勒滤波器组

输入：目标回波的快速傅里叶交换（FFT）。

输出：各滤波器的响应。

这是一种比较直接的检测方法，它将若干个窄带滤波器并联起来，每个滤波器的带宽尽可能与信号谱线宽度相匹配，滤波器的通频带依次增大，整体覆盖目标可能出现的多普勒范围（图 3.40 和图 3.41）。

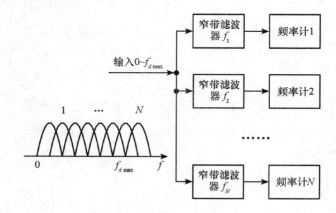

图 3.40　多普勒滤波器组的组成框图

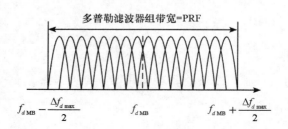

图 3.41　多普勒滤波器组的频率覆盖关系

根据目标回波在哪个滤波器有响应，即可推算目标的多普勒频移。最理想的情况是目标出现在某滤波器的中心频率点上，此时只有该滤波器有幅度较大的响应，直接可以判定其多普勒频移；如果目标在两个滤波器都有响应，可采用内插法解算多普勒频移。

如果滤波器的带宽过宽，会增加噪声而降低测量精度，因此，实际应用中，一般使滤波器带宽与谱线宽度相匹配，带宽很窄，这就是窄带滤波器的由来。也是因为这个原因，有时相位检波器和多普勒滤波器组是结合起来使用的，即用相位检波器得到目标回波的多普勒频移调制信号，再用多普勒滤波器组检测这个频率值。

3.3.4　测速相关问题

3.3.4.1　闪烁噪声

半导体器件都不可避免地带有闪烁效应噪声，这种噪声的功率差不多和频率成反比。想一想，这种噪声对多普勒频移测量会有什么影响呢？

实际上，这种噪声是限制简单连续波雷达（零中频混频）灵敏度的主要因素之一，因为在低频端，即大多数多普勒频移所占据的音频段和视频段，半导体器件的闪烁噪声功率较大，当雷达采用零中频混频时，相位检波器将引入明显的闪烁噪声，从而降低了接收机的灵敏度。

那么，如果采用超外差式接收机，将中频值选得足够高，会不会有很大改善呢？

3.3.4.2　盲速

目标相对雷达有一定径向速度，但经相位检波器后，输出为一串等幅脉冲，与固定目标回波相同。

实际上，这是目标的多普勒频移等于脉冲重复周期的整数倍形成的，使得相邻两周期运动目标的相位差为 2π 的整数倍或多普勒频移的谱线被遮挡。

当相邻两周期运动目标的相位差为 2π 的一倍时，目标的径向速度值被称为雷达的第一盲速。可以推导出，如果保证第一盲速大于可能出现的目标的最大速度，就不会有盲速问题了。

此外，还有一些解决方案。比如，通过脉冲重复频率参差，可以大大降低目标多普勒频谱被遮挡的概率；对于宽带高分辨雷达而言，可采用不考虑回波相位，仅比较回波瞬时频移的方法。

3.3.4.3　盲相

当回波信号相位为 90°时，由于 $\cos 90° = 0$，检波器可能没有输出，这就是所谓的盲相。

解决方案：零中频正交双通道处理。

输入：中频信号。

输出：同相分量和正交分量（本质上与相位检波相同），同相分量和正交分量中总有一路信号是不为 0 的，所以其输出信号可以克服盲相问题（图 3.42）。

3.3.4.4　频闪

在显示屏上，频闪意味着显示的图像在闪烁，如果频闪超过一定限度，就会让观察

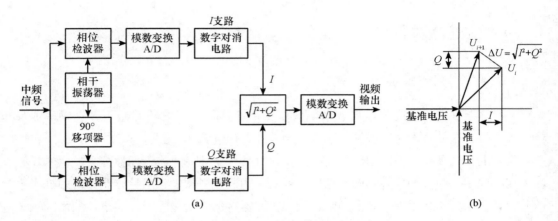

图 3.42 零中频正交双通道处理组成框图

者的眼睛感觉不舒服。与此类似，当目标回波不稳定时，回波谱线跳跃，相位检波器输出的脉冲串包络调制频率不再和多普勒频移成比例，多普勒滤波器组也不能稳定地检测出目标的多普勒频移。

解决方案是提高雷达性能，使雷达测速更加稳定。

3.3.4.5 速度模糊

前面提到了时频变换，如果时域信号分布是比较密集的，变换到频域信号分布就会比较稀疏，反之亦成立。脉冲雷达测速度时，如果脉冲重复频率不够高，就会出现与测距模糊类似的现象——速度模糊。此时，回波信号的频率谱线要么被杂波所淹没，要么就出现在若干倍于脉冲重复频率的位置，使得雷达需要分辨该谱线是哪个运动目标的谱线。解决的方法同样是应用中国余数定理，即雷达采用多种脉冲重复频率对目标进行探测，然后根据中国余数定理进行解算。

3.3.5 主要质量指标

测速的主要质量指标有测速精度和测速范围两项。

（1）测速精度是指测得的目标速度相对于目标的真实径向速度的误差。

（2）测速范围是指雷达能够测量出的最小速度和最大速度之间的所有速度值。比如，某雷达采用多普勒滤波器组进行速度测量，那么，将整个滤波器组测量的频率范围对应到相应的径向速度范围即为雷达的测速范围。

◎类比

> 雷达对目标速度的测量有点像青蛙的眼睛在观察周围的事物，能够分辨出目标是否是运动的，以及运动的速度是多大。速度测量使雷达不仅可以定位目标在当前时刻的位置，还可以预测目标下一时刻可能的位置，就像青蛙和蝙蝠捕捉飞虫时需要做到的"定位"一样。

◎归纳

　　雷达进行目标速度测量依据的是电磁波的多普勒效应，具体测量的是目标回波的多普勒频移，目前常用的方法有相位检波法和多普勒滤波器组，与雷达测距和测角不同的是，测速的方法可以结合起来使用。

◎演绎

　　雷达测速主要测量的是电磁波的频率。测速需要雷达对目标回波进行更精细的测量，不仅仅测量目标回波的延迟时间和到达方向，而且测量回波内部频率的细微变化，使得频率信息在雷达目标测量中的地位大大提高（雷达测距和测角更多的是关注目标回波的相位）。

　　雷达测速使得雷达可以从"动"与"不动"的角度观察目标，从而为雷达开启了一个观测目标的新角度，这一点在本书第 4 章发展原理中会进一步展开说明。

3.4　目标跟踪

　　可以联想一下警匪片中跟踪的场景：目标被保持在跟踪者的视野之内，跟踪者和被跟踪者距离也在某一范围之内，跟踪者会随着被跟踪者的运动而运动，不断修正与被跟踪者之间的距离误差，使这一误差尽量向零值逼近……

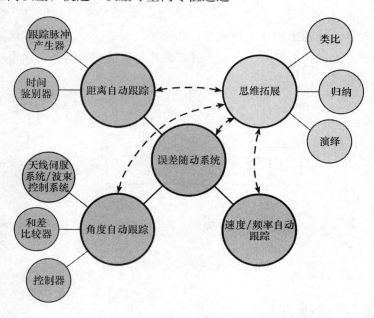

图 3.43　3.4 本节的思维导图

雷达进行目标跟踪与此有类似之处，其内部所有的自动跟踪系统都是误差随动系统，系统围绕着误差信号展开：主要完成提取误差、处理误差，进而消除误差的动态测量过程。

3.4.1 误差随动系统

本书2.3.2小节的末尾提到的反馈控制电路，是雷达设备中的常用电路。为改善电子设备性能，加入了如接收机中的自动增益控制电路（AGC）、自动频率控制（AFC）和自动相位控制（APC或PLL，也称锁相环）等。在应用中，电路均需根据具体功能进行调整，通用电路如图3.44所示。

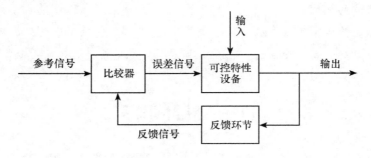

图 3.44　反馈控制电路

误差随动系统与反馈控制电路类似，一般也有三个组成部分：执行器，类似于警匪片中负责跟踪的人，起直接"套住"目标的作用，最终消除误差也得靠它来实现；比较器，用于监控执行器给出的反馈信号与目标信号之间的误差，是提取误差的装置；控制器，将比较器提取的误差信号转化成能够驱动执行器的控制信号，输出给执行器，驱动其消除误差（图3.45）。

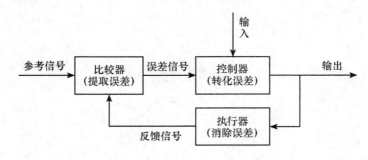

图 3.45　反馈控制电路原理框图

3.4.2 距离自动跟踪

早期雷达均用显示器作为终端，在显示器画面上根据扫掠量程和回波位置直接测读延迟时间。现代雷达常常采用电子设备自动地测读回波到达的延迟时间。即使是多个动目标也可以实现自动录取。

于是，雷达内部需要这样一个电路系统，能够连续、准确、实时地测量目标回波的延迟时间，这就是通常所说的距离自动跟踪。

目前，雷达进行距离自动跟踪的误差随动系统的实现思路是能自动控制雷达设备产生一个跟踪脉冲，随着已探测到的目标回波移动（执行器），然后鉴别这个跟踪脉冲的延迟时间与目标回波的延迟时间之间的时间差（比较器），这个时间差以电压的形式传递给控制器进行转化，驱动跟踪脉冲的延迟时间与目标回波保持一致。

于是，可以分析距离自动跟踪系统的组成：

首先，由于需要产生跟踪脉冲，系统中应包含一个产生跟踪脉冲的模块，通常称为"跟踪脉冲产生器"。

其次，产生跟踪脉冲，是为了控制它与回波脉冲同步，从而间接测量回波脉冲的延迟时间。为了判别它与回波脉冲是否同步，系统需要一个测量跟踪脉冲与回波脉冲之间的时间差的装置，通常称为"时间鉴别器"。

最后，为了调整跟踪脉冲与回波脉冲同步，系统需要一个控制跟踪脉冲与回波脉冲同步的模块，通常称为"控制器"（图 3.46）。

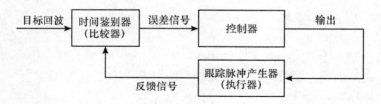

图 3.46　距离自动跟踪系统原理框图

这三个部分联系起来就构成了距离自动跟踪系统的电路框图。目标已被雷达捕获是系统工作的前提，目标回波经接收机处理后的视频脉冲加到时间鉴别器上，同时加到时间鉴别器的还有来自跟踪脉冲产生器的跟踪脉冲。早期的雷达还会将跟踪脉冲的另一路和回波脉冲一起加到显示器上，以便观测和监视。时间鉴别器能够将跟踪脉冲与回波脉冲在延迟时间上加以比较，提取出两个输入脉冲间的时间差，输出误差电压给控制器。控制器的作用是对误差电压进行适当的变换，其输出电压是误差电压的函数，它能作为控制跟踪脉冲产生器的工作信号，其结果是使跟踪脉冲的延迟时间朝着减小时间差的方向变化，使得误差电压减小直到为零。

3.4.2.1　跟踪脉冲产生器

跟踪脉冲产生器的主要作用是产生所需延迟时间的跟踪脉冲。

跟踪脉冲最简单的产生方式是锯齿电压波法。

显然，跟踪脉冲的延迟时间由比较电压 E 来调节，比较电压增大，延迟时间变长；比较电压减小，延迟时间减短（图 3.47）。

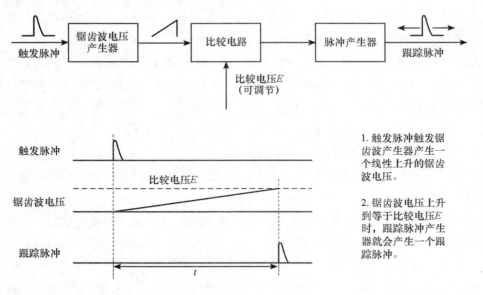

图 3.47　跟踪脉冲产生器的电路框图及各主要模块输出波形

3.4.2.2　时间鉴别器

首先分析时间鉴别器的组成。图 3.48 是一个电路输出信号时序图，整个框图由波门形成电路、选通电路、积分电路以及比较电路组成。这是一个对称电路，上面三个模块和下面三个模块实现的功能是完全一样的。

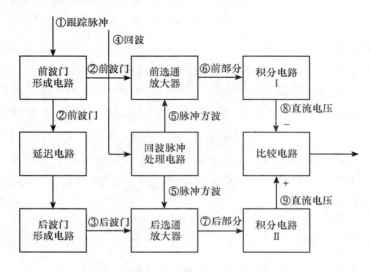

图 3.48　时间鉴别器组成电路框图

　　跟踪脉冲触发前波门形成电路形成前波门脉冲，构成比较波门的前半部分，脉冲宽度是 τ。前波门脉冲，经过延迟电路，送到后波门形成电路，在前波门的后下降沿上产生了后波门脉冲，它的脉宽同样也是 τ，它构成比较波门的后半部分。前后波门分别送至前后选通放大器中，如图 3.49①②③所示。

　　目标回波经处理后，也是一个宽度与前波门相等的脉冲，如图 3.49④⑤所示。

　　加到两个选通放大器上。由于选通放大器只有当两输入信号都大于零时才能有脉冲信号输出，前后波门就将回波脉冲分成两部分，因此这种方法叫波门分裂法，如图 3.49⑥⑦所示。

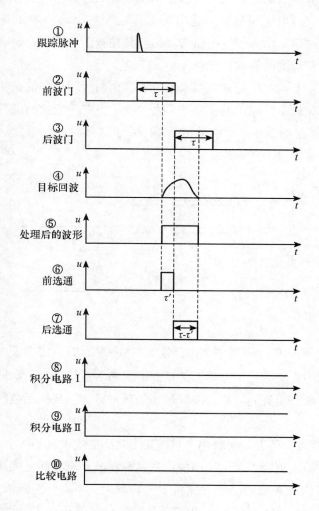

图 3.49　时间鉴别器各级信号波形

　　后续的积分电路分别对前后选通放大器输出的矩形脉冲进行积分，积分结果以电压的形式传递给比较电路，比较电路计算出两者之间的差值，并输出。也就是说，时间鉴别器输出的是一个电压差，而这个电压差是由跟踪脉冲形成的前后波门将回波信号分成的两个部分的相对大小决定的。如果波门的中心与回波脉冲的中心延迟时间不等，那么就会在选通放大器的输出端上输出两个宽度不等的矩形脉冲。如果后沿时间小于脉冲的中心时间，那么从前选通放大器中输出波形的宽度小于后选通放大器的输出。这样再把两个矩形脉冲放到积分电路里进行积分平滑，形成直流电压。窄脉冲对应电压值低，宽脉冲对应电压值高。这两个直流电压用比较电路比较后，输出它们之间的差值，如图3.49⑧⑨⑩所示。

这里，我们关心的是输出的电压差与要测量的时间差 Δt 是什么关系。

为了便于理解，可以把积分器的输出结果等效为对矩形脉冲相对时间轴的面积积分。这一点很容易理解，因为积分电路的输出与脉冲宽度成正比，而脉冲宽度又与矩形脉冲相对于时间轴积分的面积成正比。

假设回波脉冲被前后波门分割为两个部分，其中前波门分得的面积是 s_1，而后波门分得的面积为 s_2，比较电路输出的积分结果之差就可以等效为这两部分的面积之差，也就是 $s_2 - s_1$，即时间鉴别器输出的误差电压等于面积差 $s_2 - s_1$。那么这个面积差与时间差有什么关系呢？可以进一步分析电路的波形变化。

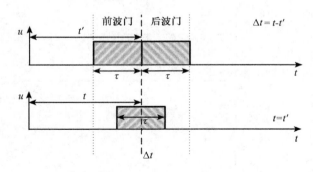

图 3.50　跟踪脉冲与回波到达时间相等时的波门对应关系

在回波脉冲的中心与波门中心重合的情况下，前后波门分得的脉冲宽度相等，积分结果也相等，此时两者没有时间差，跟踪脉冲的延迟时间与目标回波的延迟时间是一致的（图3.50）。

图3.51是比较波门延迟时间略小于目标延迟时间的情况（$t - t' < 0.5\tau$），这种情况下，后波门和目标回波重合时间大于前波门和目标回波重合时间，因此后选通放大器输出脉冲宽度比前选通放大器输出脉冲宽度要宽，此时 $s_2 > s_1$，误差信号大于零。显然，两个脉冲之间的时间差越大，s_1 的面积就越小，而 s_2 的面积越大，误差信号也就越大。那么误差信号最大是多少呢？

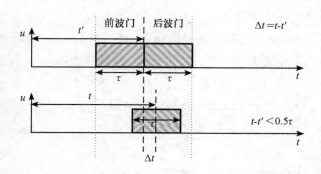

图 3.51　跟踪脉冲略早于回波到达时间的波门对应关系

已知两个波门和目标脉冲宽度都是 τ，明显当其中一个波门与目标回波对准就是最大值，如图 3.52 所示。这时 $\Delta t = 0.5\tau$，那么前波门和目标回波完全脱离，前选通放大器没有脉冲输出，而后波门与目标回波完全重合，此刻后选通放大器输出脉冲宽度为 τ。如果 Δt 继续增大，那么尽管 s_1 一直为 0，后波门与目标脉冲重合时间却开始减少，他们的差值也是减小。

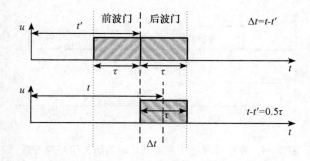

图 3.52　跟踪脉冲早于回波到达时间 0.5 个脉冲宽度的波门对应关系

当 $\Delta t = 1.5\tau$ 时，后波门和目标回波完全脱离，前后选通放大器都没有脉冲输出。此时误差电压等于 $0 - 0 = 0$（图 3.53）。

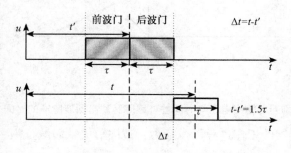

图 3.53　跟踪脉冲早于回波到达时间 1.5 个脉冲宽度的波门对应关系

根据以上分析得出的误差电压的变化规律，可以得到误差电压随时间差变化的波形图，在 $(0, 0.5\tau)$ 之间是线性上升，在 0.5τ 时刻上升到最大值，在 $(0.5\tau, 1.5\tau)$

是随回波脉冲的移出而线性下降。

同理，在（-0.5τ，0）之间，误差电压是负向变化，在 -0.5τ 时刻达到最小值，在（-1.5τ，-0.5τ）的范围内，又线性变化到 0（图 3.54）。

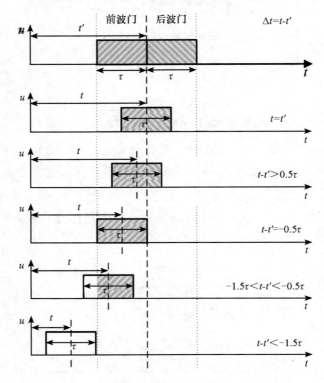

图 3.54　跟踪脉冲迟于回波到达时间的波门对应关系

这样可以得出结论，时间差在（-0.5τ，0.5τ）的范围内，输出的误差电压和时间差 Δt 呈线性关系，可以表示为如图 3.55 所示的形式。

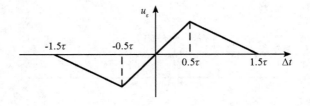

图 3.55　时间鉴别器的输出电压与时间差（跟踪脉冲与回波脉冲的时间差）之间的关系

于是，时间鉴别器的工作过程可概括为：波门形成 - 回波分割 - 积分比较。

3.4.2.3　控制器

控制器的作用是把误差信号 u_ε 进行加工变换后，将其输出去控制跟踪波门移动，即改变跟踪脉冲的时延 t'，使其朝着减小 Δt 方向运动，也就是使 t' 趋向于 t。因此，控制器的输出是以误差信号为自变量的一个函数。设控制器的输出是电压信号，则其输入和输出之间可用下述函数关系表示：

$$E = f\left(u_\varepsilon\right)$$

在讨论做什么样的函数变换比较合适之前，先明确一下控制器输出电压的作用。

回看跟踪脉冲产生器，可知，锯齿电压波法输出的跟踪脉冲的延迟时间是由比较电压 E 来调节的，实际上，这个比较电压 E 就可以由控制器的输出电压来控制。也就是说，跟踪脉冲产生器的比较电压和控制器输出电压是同一个电压，时间鉴别器从跟踪脉冲产生器以及目标回波那里获取的误差信号经控制器变换之后又会作用于跟踪脉冲产生器。

下面讨论一下控制器对误差电压做什么样的变换比较合适。

首先，考虑最简单的线性变换。

假设控制器的输入与输出是最简单的线性关系，设比例系数是 K_2，那么就有：

$$E = K_2 u_\varepsilon$$

代入公式中有：

$$t' = K_1 K_2 K_3\left(t - t'\right)$$

化简后：

$$t = \left(\frac{1}{K_1 K_2 K_3} + 1\right)t'$$

从这个推导结果来看，如果控制器的输入与输出是线性的关系，那么 t 与 t' 是不可能完全相等的。

如果控制器采用线性变换，通过数学计算推导可以得出跟踪脉冲的延迟时间不可能等于目标回波的延迟时间，就表示跟踪脉冲和目标回波脉冲不能完全对准，即采用线性放大会一直存在时间测量误差，进而对应一个距离误差。

接着，依据上述结果看来，控制器不宜采用线性放大，那么再试试积分元件：

$$E = \frac{1}{T}\int u_\varepsilon \mathrm{d}t$$

用 $t' = K_3 E$ 和 $u_\varepsilon = K_1\left(t - t'\right)$ 代入后，由时间鉴别器、控制器和跟踪脉冲产生器三部分组成的闭环系统函数为：

$$t' = \frac{K_1 K_3}{T}\int\left(t - t'\right)\mathrm{d}t$$

两边同乘以光速 c，得到了目标距离 R（目标的回波距离）和跟踪脉冲 R'（跟踪脉冲模拟产生回波距离），代入上式，得：

$$R' = \frac{K_1 K_3}{T}\int\left(R - R'\right)\mathrm{d}t$$

然后对上式进行微分：

$$\frac{\mathrm{d}R'}{\mathrm{d}t} = \frac{K_1K_3}{T}(R - R') = \frac{K_1K_3}{T}\Delta R$$

从上式可以看出，当目标的速度很慢时，则有$\frac{\mathrm{d}R'}{\mathrm{d}t} = 0$，那么根据公式$\Delta R = 0$，目标回波脉冲就可以和跟踪脉冲完全对准了。

以上分析的前提是目标保持静止，此时可以应用积分器到控制器，但是当目标以恒速v运动时，跟踪脉冲也要以该速度移动，则有：

$$\frac{\mathrm{d}R'}{\mathrm{d}t} = v$$

代入上式中，得：

$$\Delta R = \frac{T}{K_1K_3}v$$

从该式能够看出，当目标存在一定的速度时，跟踪脉冲与回波信号在位置上有一定的差值，差值与目标的速度v成正比，所以这种方法又产生了一定的速度误差。采用一次积分环节一定存在速度误差。

通过数学计算和推导可以证明，控制器采用一次积分可以消除位置误差，但是对运动目标存在速度误差。

因此，实际电路常常采用二次以上积分环节，可以同时消除位置误差和速度误差。由于二次积分的推导过程和一次积分相同，在此不加赘述。

上面描述的三个部分的工作原理就构成了整个距离跟踪系统的工作原理。

现代雷达使用先进的数字信号处理技术，又有高性能硬件平台支持，可以完全做到连续测距、实时处理数据、实时得到目标的精确距离要求。

3.4.3 角度自动跟踪

角度自动跟踪系统既以距离自动跟踪系统的工作为前提，又与距离自动跟踪系统非常相似。也就是说，雷达在目标距离进入跟踪范围之后，才会启动角度自动跟踪。

角度自动跟踪系统就是当目标和雷达天线之间的角度发生变化时，自动地控制天线跟随目标转动的系统，能够连续测量目标角度信息（图3.56）。

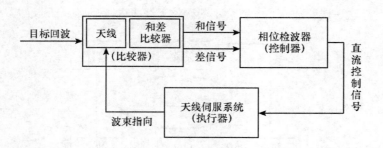

图 3.56 角度自动跟踪系统的原理框图

3.4.3.1 天线伺服系统/波束控制系统

天线伺服系统/波束控制系统负责控制天线的辐射方向，是角度自动跟踪的执行器，系统控制器最终就是控制这一部分使得天线波束指向随目标角度变化而变化。

本书第 2 章天线部分曾介绍过，对于机械扫描天线，负责天线辐射方向变化的叫天线伺服系统；对于电扫描天线，负责天线辐射方向控制的叫波束控制系统。

3.4.3.2 和差比较器

为了保证测角速度快、精度高以及自动完成，角度跟踪系统选择采用等信号法测角。当天线中心线指向没有对准目标时，等信号法产生的两个波束照射目标时会得到两个幅度不等的回波信号，从中可以得到天线中心线相对于目标角度的误差，从而提示雷达调整波束指向，保持对目标的角度跟踪。

实现等信号法中和差信号的生成设备即为和差比较器，在前面目标角度测量部分已做介绍，故不加赘述。

3.4.3.3 控制器

控制器负责控制信号的生成，典型器件是相位检波器，将一定频率的角误差信号转化为直流电平控制信号（图 3.57）。

图 3.57 采用相位检波器的控制器输入输出关系

相位检波器的作用是提取和信号与差信号之间的相位差，显然，当目标处在等信号法两波束的中轴线上时，差信号为 0，此时和信号与差信号之间的相位差为 0，不需要改变天线指向；当目标偏离等信号轴时，和信号与差信号之间就会有一个相位差，这个相位差的大小与极性就表明了偏离的角度与方向。

启动之后，这一误差随动系统就会不断调整天线指向随目标运动而改变（图 3.58）。

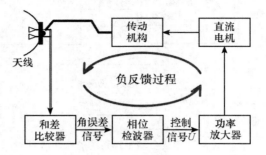

图 3.58　角度自动跟踪系统的组成框图

下面给出单平面角度跟踪系统的组成框图供研讨（图 3.59）。

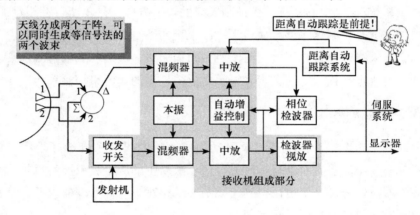

图 3.59　单平面角度跟踪系统（只跟踪方位角或俯仰角）

3.4.4　速度/频率自动跟踪

速度/频率自动跟踪是对多普勒频移的连续测量。根据前面学习的距离跟踪与角度跟踪，速度/频率自动跟踪同样由三个大模块组成，分别对应误差随动系统的比较器、控制器和执行器。

比如，锁相跟踪滤波器主要用于对频率的跟踪和保持，其比较器是一个鉴相器，通过比较相位的差异（频率不同的信号相对应点的相位）来计算频率的误差；其控制器是一个滤波器，将误差信号转化为一个电压信号控制压控振荡器（执行器），改变其振荡频率（图 3.60）。

具体设计时，频率跟踪系统还可加入其他辅助模块，如混频器、滤波器等。频率跟踪滤波器的带宽一般很窄（和信号谱线相匹配），且当多普勒频率变化时，滤波器的中心频率也随之变化，始终是多普勒频率信号通过而滤出频带之外的噪声。图 3.61 给出了一个频率跟踪系统的设计框图。

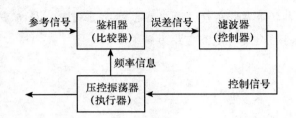

图 3.60　锁相跟踪滤波器组成框图

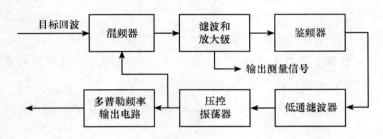

图 3.61　某频率跟踪系统的设计框图

有关速度/频率跟踪系统的细节问题请参考《雷达系统导论》和《非线性调频信号产生和处理的工程实现方法》等书，在此不加赘述。

◎类比

　　自动跟踪系统的原理离我们的生活也不是很遥远，我们也可以从其他角度来理解系统的工作原理。比如《弟子规》中有这样一段——"见人善，即思齐，纵去远，以渐跻"，这个见贤思齐的过程就可以用自动跟踪系统来模拟。首先是上进心的触发使得甲同学产生"跟踪脉冲"，努力一段时间之后可以通过某种指标来判断一下努力是否有效，这就需要一个类似时间鉴别器的功能模块；"时间鉴别器"输出一个新的距离差，输给甲同学，甲同学自身有一个"控制器"，控制他是加倍努力还是调整方法，渐渐达到和目标人物相近的贤能状态（有可能差一点，也可能超越，不像距离自动跟踪系统那样严格地要求误差为0）。

　　同理，角度自动跟踪使得雷达天线辐射的波束像舞台上照在主角身上的灯光，随着主角的移动而移动，始终将其笼罩在这束光柱之内；频率跟踪系统控制着系统的节拍，从不懈怠。

◎归纳

　　雷达的自动跟踪系统都是围绕一个误差信号而进行的。各组成部分分别完成"提取误差—输出误差—处理误差—输出控制电压—改变执行器—消除误差"的过程。其中，距离自动跟踪提取的是时间误差、角度自动跟踪检测的主要是相位误差，而频率自动跟踪的主要目标是消除频率误差。

试比较距离自动跟踪和角度自动跟踪系统的异同点。想想等信号法两波束与距离自动跟踪系统的两个波门是否有异曲同工之妙？

◎演绎

1. 关于距离自动跟踪系统

（1）在时间鉴别器中，回波脉冲有可能未经整形，为钟形脉冲，则时间鉴别曲线为何种形状？请思考此时是否还能用波门分裂法？若前后波门宽度不等于脉冲宽度，结果怎样？

——请联想波门分裂法的跟踪过程。

（2）在控制器中，雷达对目标跟踪时，在短时间内因为某些意外原因而使回波信号丢失，控制器输出的控制电压是不是为0？

是的，为0。因为任何一路信号为0，选通放大器都不会有输出，此刻回波信号为0，控制器输出的电压也为0。

那么，这时，跟踪脉冲会不会消失呢？

请思考跟踪脉冲会不会消失取决于什么？是不是取决于控制电压？这种情况下控制器输出控制电压是不是为0？如果控制器采用的是积分器，积分器是否能够把这一个误差信号保存并积累起来（尽管短时间里控制电压为0，但是输出电压几乎不变）？

提示：实际上积分器还有一个效果，就是跟踪脉冲的位置保持不变！这就是"位置记忆"作用。

（3）回波的延迟时间

与测距的相关问题类似，此处目标回波的延迟时间是以回波的峰值点为基准定位回波延迟时间的，还有其他跟踪方法，比如前沿距离跟踪、后沿距离跟踪等。各种跟踪方法都有其适用的目标类型。举例来说，当跟踪导弹时，希望跟踪的是导弹而不是导弹尾焰所形成的大片反射波，所以当导弹离雷达远去时可采用后沿距离跟踪（图3.62）。

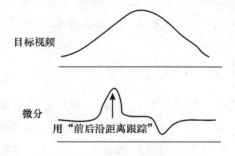

图 3.62　前后沿距离跟踪示意图

（4）关于跟踪脉冲产生器

在许多实际应用中，为防止跟踪脉冲产生器产生的跟踪波门被假目标"引"走而丢失目标，除了跟踪波门之外，还会增加一个保护波门（即另一个跟踪脉冲），有些雷达甚至会设置若干个保护波门。这一点会在本书第4章中的雷达抗干扰部分展开讲述。

2. 关于角度自动跟踪系统

（1）可以了解一下和差比较器，它能用一个无源器件生成关键的和差信号，隐含着电磁波的叠加规律。可以想象一下这个奇妙的过程，也可以想想还有哪些类似的规律和现象？

（2）试比较一下单脉冲测角相对于其他等信号法测角的优越之处，这也是角度自动跟踪系统将天线分成子阵，采用单脉冲测角的原因。双平面角度自动跟踪更体现了波束组合的灵活性。实际上，如果等信号法的两个探测波束不是同时生成的，很容易会因假信号干扰而误判角度，所以，单脉冲多波束对减小雷达测角的误差很重要，有些雷达还会同时生成多于测角需要的波束来保证对目标的跟踪，这些"多余"的波束就类似于距离自动跟踪系统的保护波门。

对于运动目标，通过连续测量目标的距离、角度参数，可以描绘出目标的飞行轨迹。利用目标的轨迹参数，雷达能够预测下一个时刻目标所在的位置。对于弹道目标，可以据此预测其弹着点、弹着时间和发射点。

3.5 目标识别

1958 年，美国的雷达专家 D. K. Barton 通过精密跟踪雷达分析出苏联人造卫星的外形和简单结构。自此以后，雷达目标识别开始成为一个重要研究课题。

实际上，雷达目标识别也是雷达发展的大势所趋，随着雷达技术的进步、飞行器性能的提高以及对抗雷达技术的发展，实际应用需求对雷达的战术性能提出了越来越高的要求。对一些高性能或有特殊用途的雷达，除了测量距离、角度、速度三个参数，还需要测量目标加速度和目标回波的幅度起伏特性、极化特性、成像特征等。

目前，雷达目标识别的主要任务是通过雷达测量确定目标属性，如：

（1）目标真伪属性（真、伪）；

（2）目标敌我属性（己方、友方、敌方、中立方及不明方）；

（3）目标运动属性（位置、速度及加速度等）；

（4）目标空间属性（空中、陆地、海上及水下）；

（5）目标类别属性（飞机、舰船、战车、导弹或某类飞机等）；

（6）目标型号属性（具体型号，如 E - 2T 预警机、F - 16 战斗机等）；

（7）目标数量属性（架次、机群等）。

对于目标特征，也可将类型压缩（将威胁等级高的目标作为重点，将威胁程度相近、结构和战术性能相似的目标归为一类，将实在无法识别的几种目标归为一类）或参数压缩（例如，远程预警时，目标的航迹有规律可循，飞行参数较稳定，编队形式也不多）。

雷达目标识别使得雷达与更多学科交叉，更加智能，也拓展了雷达的军事应用，在制导、火控、侦察、预警等领域成功应用，并推动"灵巧"武器的研制，使战斗力倍增。本节将介绍雷达目标识别的相关知识（图3.63）。

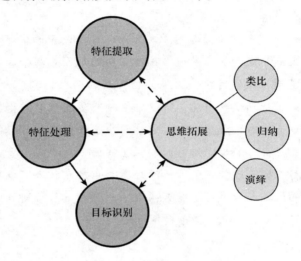

图3.63　3.5节的思维导图

3.5.1　一般流程

与我们每天用眼睛识别目标的过程类似，雷达进行目标识别首先要从外界接收实测数据（即目标回波信号），并进行预处理。预处理主要完成信号的信噪比提升、干扰抑制、杂波滤除等；对于一些特殊的数据，如用于识别的合成孔径雷达图像还必须经过相干斑抑制和几何校正，并将多幅图像的分辨率通过内插调整到一致。实测数据经过预处理之后，就进入特征提取环节，这一环节依据系统任务对设定的特征进行检测，检测到的特征可直接用于分类识别，也可经过进一步处理后再进入分类识别环节（图3.64）。

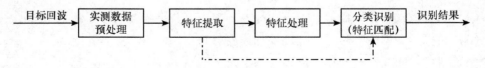

图3.64　目标识别的一般流程

在分类识别的过程中，可以对已知信号中提取的目标特征建立数据库，然后再用实测数据提取未知目标的特征，与数据库中的已知目标比较，判别未知目标属性。

鉴于问题的复杂性，整个系统设计及流程实现涉及三方面要素的协同研究：一是目标，目标的材料、物理结构、相对姿态、运动参数、编队形式、战术特点等因素，综合作用到对雷达辐射信号的反射特性上有哪些特点；二是雷达本身，如雷达的工作频率、带宽、脉冲重复频率、天线、波束宽度、天线扫描周期、信号处理特点、检测性能等，也就是需要考虑雷达接收回波信号的特点和性能；三是环境因素，包括自然环境噪声和人为因素形成的电磁环境，具体涉及各种噪声、杂波和干扰。

3.5.2　特征提取

雷达能够获取的目标特征信号是雷达发射的电磁波与目标相互作用产生的各种信息，主要保留了 RCS 及其统计特征参数、谱特征、极化特征、系统响应特征、成像特征、轨道特征、调制特征、角闪烁及其统计特征参数等。

由于目标的材料、形状、结构、运动、姿态、环境变化等因素都会造成目标回波的差别，因此对目标的特征提取需要考虑雷达工作参数及其稳定情况，如频率、带宽、参数测量精度、PRF、天线波束宽度、扫描周期、极化方式、信号处理方法等；充分挖掘雷达能够提供的目标信息，舍弃非本质的、易随雷达性能和环境变化而变化的特征。

鉴于目标和特征的多样性，现有的特征提取系统也在不断更新中。在此，暂且列举一些常用的特征以供参考。

3.5.2.1　目标 RCS 及其起伏特征

目标回波起伏特性的测量对于判定目标属性有重要意义。例如，在监视雷达中，利用目标起伏特性可区分该目标是否为稳定目标（自旋稳定或非自旋稳定目标）。关于目标 RCS 以及起伏特性的内容第 1.2 节已经介绍，这里不再赘述。

3.5.2.2　调制谱特征

法国科学家在 1984 年用 COTAL AV 自动跟踪雷达，对飞机回波闪烁频谱进行分析，得到了与飞机旋转部件对应的识别特征——调制谱。利用调制谱可以测量出对应喷气式发动机入口风扇叶片的旋转、飞机螺旋桨的旋转或者直升机升力旋翼的旋转频率，据此可以得到对飞机发动机进行初步分类的数据，同时还可以确定发动机组的数目。在某些情况下，可以直接识别飞机类型。

1991 年，美军导弹司令部 Georgia 技术研究所用 40 kHz 的高重复频率全相参雷达测量了直升机的回波，并在频域和时域分析了 8 种直升机回波调制特征。

1993 年，美国科学家利用 Hughes 公司重复频率为 25 kHz 的雷达对直升机的调制周期特征进行了测试，并讨论了飞机分类和辨识的可能性。

1997 年和 1999 年，波兰科学家用 S 波段脉冲压缩海岸警戒雷达分别对 Bell209、Bell206、W－3、Ml－2 四种直升机回波进行了分析，主要利用回波强度、起伏特性和调制谱特性来识别直升机。

3.5.2.3 极化特性

极化特性指通过测量得到的目标极化散射矩阵，在一定程度上可获得有关雷达目标的构成及属性的信息。

有些学者还研究了一些极化特征不变量，如：通过功率矩阵迹与行列式的比值来识别弹头和诱饵。

3.5.2.4 相位幅度特征

《飞行器雷达特征》一书将目标散射波的幅度和相位特性视为空间、时间和频率三者的函数，并将其总结为：

（1）相位依空间的变率——对应目标的角度；
（2）相位依时间的变率——对应目标的径向速度；
（3）相位依频率的变率——对应目标的距离；
（4）幅度依空间的变率——对应目标的形状；
（5）幅度依时间的变率——对应目标的自旋；
（6）幅度依频率的变率——对应目标的大小。

3.5.2.5 一维距离像特征

如果雷达发射大带宽信号（线性调频、步进跳频或其混合形式），就可以获取目标的距离向高分辨。相对雷达成像而言，这种测量不受目标相对雷达的转角的限制，对雷达平台运动没有任何特殊要求。目前主要应用于精确制导。但是，用于识别的距离像必须经过运动补偿、杂波鉴别、多目标分辨和目标分割等预处理，因为多普勒效应将使距离像发生平移和展宽，引起目标特征畸变。常用方法是距离像直接识别、距离像模型匹配识别、距离像模板匹配识别。此外，由于距离像敏感于目标姿态，很难得到雷达目标的绝对不变特征量，相对不变特征的提取难度小些（图3.65）。

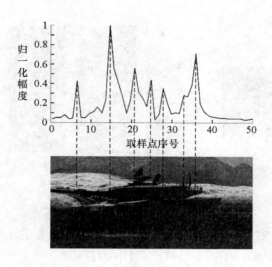

图 3.65　坦克目标及其一维距离像

3.5.2.6　目标成像

如果雷达通过发射大带宽信号得到距离向高分辨，通过合成孔径或逆合成孔径实现方位向高分辨，就可以获取目标的三维高分辨信号，即可以形成图像。合成孔径雷达（SAR）要求目标相对雷达的运动达到一定转角，典型应用是对地侦察和对空/海监视等。

合成孔径雷达图像常用特征与光学图像非常相似，如灰度、边缘、纹理等，特征提取方法也可借用光学图像处理方法。不同之处主要体现在图像预处理上，因为成像过程的特殊性，合成孔径雷达图像必须经过相干斑抑制和几何校正，并将多幅图像的分辨率通过内插调整到一致（图 3.66 和图 3.67）。

　　　　　(a)　　　　　　　　　　　　　　　　　　　(b)

图 3.66　M-47 坦克及其高分辨率雷达成像

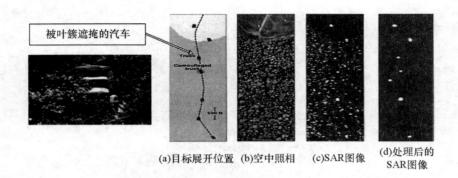

(a)目标展开位置　(b)空中照相　(c)SAR图像　(d)处理后的 SAR图像

图 3.67　藏匿于丛林的车队目标及其成像

此外，由于合成孔径雷达的图像特征敏感于姿态角，电磁环境复杂性或有其他遮挡，因此很难得到待识别目标在随机地面背景中的大量实测图像，使得某种识别方法只对特定图像场景有效，难以保证识别方法的场景适应能力。因此，很多识别系统很难推广。逆合成孔径图像表现为目标散射中心分布的等高线图，必须研究独特的图像特征提取算法。

3.5.2.7　其他特征

除了上述几大类特征之外，还有一些特征，现列举如下：

（1）波形特征，有些目标具有一些典型的波形特征；

（2）运动参数特征，如目标的速度、高度、螺旋桨调制等；

（3）瞬时频响特征，如时频变换后的傅里叶系数或小波系数可能具有某些特征；

（4）多扫描周期关联特征，在多个扫描周期的回波信号中，目标信号回波之间呈现的某种关系特征；

（5）表面特征，对于分布式目标，雷达可改变频率并注意目标发生散射区域所获取的特征；

（6）目标事件的测量，在一些特殊用途的雷达中，需要测量有关目标事件，例如目标分离、目标爆炸，卫星与导弹发射过程中的星弹分离、空-空导弹发射过程中的机弹分离等均属于这类要观测的目标事件，为了实现这类测量，往往要求雷达具有多目标跟踪能力。

3.5.3　特征处理

此处借用的是机器学习、模式识别、图像处理中的一个概念，在有些文献中提出的特征工程中，也涉及特征处理方面的内容。

针对不同的特征，需要设计不同的处理方法，这里概括一下特征处理的主要内容，仅供参考。

3.5.3.1　数据整理

数据整理有时也被称作特征清洗，主要内容包括：

（1）异常数据的检测与处理；

（2）缺失值处理，有时可以用平均数、众数、K 近邻平均数等赋值或随机赋值，有时可以对数据进行编码；

（3）调配采样权重，调整数据的不均衡；

（4）数据的规范化处理，比如归一化、编码或离散化等。

3.5.3.2　特征变换或衍生

特征变换或衍生可以引入：

（1）对数变换；

（2）指数变换；

（3）图像处理中的正交变换。

还可设计算法生成新的特征。

3.5.3.3　特征选择或降维

特征选择或降维主要针对多特征进行处理：

（1）如果有些特征取值变化很小，不易区分，则删除；

（2）如果有些离散特征出现次数很少，虚警较高，可以考虑用 M/N 准则等滤除。

总体来说，可以用过滤式（用某一选择标准滤除某些特征）、打包式（设计目标函数迭代处理，产生特征子集）、嵌入式（设计学习算法，自动选择，优化计算）等方式对特征进行筛选。

此外，还可以采用主成分分析（PCA）、线性判别分析（LDA）等方法对特征进行降维处理；还有人提出用笛卡尔乘积综合多个特征。

3.5.4　目标识别

简单地说，目标识别就是根据"已知"和"已测"，对目标做判别。

这里的"已知"，可以是目标的特征或统计规律，具体到雷达识别系统中就是目标的特征模型、模板或经过学习训练的某种模式识别方法等；"已测"可以是目标的特征或统计规律，具体到雷达识别系统中就是目标的特征处理结果数据。

对目标做判别就是用预先设计的识别方法，带入"已测"数据，做出识别判断，总体思路是模式识别。具体识别方法有两种：

（1）基于模型的方法，需要训练、建立数学模型，通过比较实测回波特征与模型预测特征进行分类，其中统计模式识别比较稳定可靠；模糊模式识别智能化程度高、容错性强，但不利于自学习；神经网络模式识别也有较强的容错性、较高的智能化水平，可高度并行处理，具有较强的自学习能力。

（2）基于模板的方法，直接抽取特征，通过实测模板与模板库的比较进行分类。

不管采用哪种方法，最终识别效果都会受环境变化、目标类型及其战术使用情况、雷达性能稳定性等多种因素的影响。因此，一个目标识别系统在不同环境、不同时间和不同地点会有不同的识别效果。理论上应尽量避免系统检测结果受雷达性能变化的影响，保证雷达能正常发挥警戒功能，进而识别目标，但实际上很难做到。雷达发射频率稳定度、参数测量精度、天线方向图、天线扫描频率、接收机灵敏度等都会对目标识别效果产生影响。

国外研究基本上就是在扩展"已知"、"已测"或推导方法上不断扩展。

◎类比

雷达目标识别有点像我们在日常生活中做的人脸识别、语音识别、步态识别等，相对于前面的目标参数测量，目标识别要求对目标做出更细节化的判断。比如，人脸识别，不仅仅要求发现和定位人脸，而且还要看出他是谁，或者判断他是否是陌生人，甚至对其情绪和性格也需要做出初步的判断；语音识别、步态识别也有类似特点，不仅仅是发现和定位，而且还要做特征的提取和目标属性的判断。

◎归纳

雷达目标识别是利用雷达回波中的幅度、相位、频率、极化等目标特征信息，通过数学上的各种变换、分类、统计方法来估算目标的大小、形状、类型、物理特性等，是对目标更高级的测量。

◎演绎

（1）雷达目标识别体现了雷达目标测量智能化的趋势，使得雷达与人工智能、模式识别、图像处理等领域的先进技术紧密结合。具有目标识别能力的雷达有点像雷达中的"伯乐"，一般雷达看目标，可能只发现了目标的存在并测量目标的位置（就像一般人看马，只看到马的存在和位置）。具有目标识别能力的雷达则能从目标的反射回波中发现更多的信息（就像伯乐相马，能看到马的年龄和脚力等更抽象的信息）。

（2）《孙子兵法》有云，"知彼知己，百战不殆"，雷达目标识别做得好，一方面需要识别算法的设计者"知己"——对自身探测性能和接收信号的特点很了解；另一方面需要"知彼"——对目标的特征把握得精准到位。一旦设计成功，雷达又会帮助使用者更好地"知彼知己"，从而立于"不殆"之地。

本章围绕雷达对目标参数的测量展开，主要脉络如图 3.68 所示。

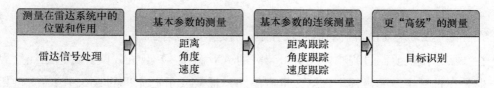

图 3.68 雷达测量原理主要脉络

对于每一种测量，各小节从测量的意义和作用开始，接着介绍测量方法、原理及相关问题。对于基本参数测量，其原理可简单总结为：

（1）测距，即测回波延时（利用波速常识）；

（2）测角，即测回波指向（利用天线的方向性）；

（3）测速，即测多普勒频移（利用多普勒效应）。

所有的目标跟踪系统本质上就是对目标参数的连续测量，负责具体实现的都是误差随动系统。

目标识别可以看作对目标更高级别的测量，实际上是根据对目标基本参数的测量结果做更复杂的处理与分析，从而对目标做出更精确的分类或判断。

需要说明的是，本章主要内容以雷达原理中的基本参数测量原理为主，在实际应用中还有一些细节问题，如测量中的误差、雷达损耗预算等，感兴趣的读者可参考《天线罩理论与设计方法》一书的第 8 章和第 9 章。

图 3.69 展示了本章所有内容之间的相互联系。

测 量 原 理

引言
雷达的目标参数测量 ——再谈雷达信号处理

目标定位		目标跟踪		目标识别
距离测量 角度测量 速度测量	← 连续 实时 准确	误差随动系统 距离跟踪 角度跟踪 速度/频率跟踪	← 多角度 优化重组	数据获取 特征提取 特征分析

图 3.69 第 3 章内容的思维导图

第4章 发展原理——现代雷达技术

在美国 E-3 系列预警机的研制过程中，有这样一个小细节：

在 2 架原型机研制过程中，飞机上装载的 AN/APY-1 型机载预警雷达已经世界领先，但是在批量生产的过程中，第二批产品还是被换成了更先进的 AN/APY-2 型机载预警雷达。在领先的情况下，依然不断进取，难能可贵。

雷达不仅仅有自身建设的组成原理和处理其工作任务的测量原理，更为难能可贵的是，雷达还有解决各种矛盾的发展之道。现代雷达采用的很多技术、方法都巧妙地解决了一些看似无法调和的矛盾，本章将对这些技术和方法展开介绍。

本章导读

本章主要解释以下一些问题：

（1）脉冲积累——雷达是如何在不增大发射功率、不改善接收机的灵敏度的情况下改善脉冲探测的信噪比的？

（2）脉冲压缩——从提高雷达分辨率的角度，脉冲宽度越窄越好，而从发射功率的角度考虑，为提高发射功率，脉冲宽度又越宽越好，这对矛盾如何解决？

（3）脉冲多普勒技术——当雷达对地或对海探测时，不可避免地面临强大的地杂波或海杂波，如何应对这些背景干扰，探测目标呢？

（4）相控阵雷达技术——从雷达方程角度分析，如果采用传统的机械扫描体制，想继续改善雷达性能，可谓遇到了瓶颈，于是雷达工程师们从昆虫的复眼获得启示，从雷达天线入手，对雷达天线进行了重大变革，从而为雷达的发展带来新的契机，这一切是怎么做到的呢？

（5）合成孔径雷达技术——相同工作频率的雷达相互比较，天线越大，波束宽度越窄。对于机载雷达而言，既要实现窄波束，又不能采用大天线，这对看似无法调和的矛盾是如何解决的呢？

（6）特殊用途雷达——雷达在不断兼收并蓄的过程中，都融合了哪些现代技术呢？

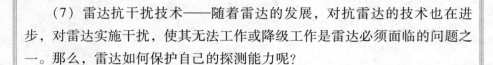

（7）雷达抗干扰技术——随着雷达的发展，对抗雷达的技术也在进步，对雷达实施干扰，使其无法工作或降级工作是雷达必须面临的问题之一。那么，雷达如何保护自己的探测能力呢？

4.1 脉冲积累

首先看一则和积累有关的小故事，然后再看看雷达是怎样做脉冲积累的。

有一位单位主管，上任伊始一直无所作为，连续四个月躲在办公室里，给下属"很好糊弄"的感觉。就在大家对他失望时，他突然发威，将捣蛋分子全部开除，能人获得提升，下手之快，断事之准，与之前判若两人。后来他才说出了其中的道理：且慢下手，只有让他人放松警惕，表现出其本色，才能知人善任。

雷达检测信号也是如此，如果过早做出判断，很有可能将有用信号当成噪声滤除，所以要注重积累。本节将讲述与雷达脉冲积累有关的知识（图4.1）。

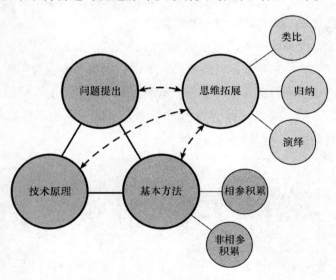

图4.1 4.1节的思维导图

4.1.1 问题提出

雷达采用脉冲工作虽然有很多优势，如测距精度高、有利于反侦察、对于机载雷达来说可以收发共用一个天线等，但是采用脉冲工作往往需要发射脉冲的峰值功率很高才能满足达到一定探测距离的要求，而且单个脉冲的回波信号往往不足以对目标完成有无判断。所以，在不对雷达各基本组成部分做重大改进的情况下，现代雷达一般采用脉冲

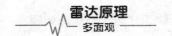

积累技术来提高雷达的检测概率。

4.1.2 技术原理

顾名思义，所谓脉冲积累就是在发射并接收到同一方向上同一距离单元内一定数目的脉冲回波信号之后，先对所接收的回波信号信息进行叠加，再对回波信号进行门限检测、参数测量等处理。

叠加之后，目标回波会因其相关叠加而得到增强，噪声和杂波会因其无序叠加而受到削弱，从而提升了信噪比，使得回波信号以更大的概率被检测到。

4.1.3 基本方法

脉冲积累依据雷达发射机发射信号是否相参来分类，包括相参积累和非相参积累两种基本方法。

相参积累也称为检波前积累，即对同一方向上同一距离单元内的回波信号进行相参叠加（矢量叠加），叠加之后生成积累信号；非相参积累也称为检波后积累，即将检波后的信号进行幅度叠加，不考虑信号的相位信息。

如图4.2所示，上面两幅图是相参积累的信号回波，由于噪声和杂波在一般情况下是杂乱无章的，积累之后信号得到有效增强；下面两幅图是非相参积累的信号回波，虽然积累之后信号得到增强，但是噪声和杂波基本上是靠检波门限滤除的，没有直接的对消效果。研究资料表明，如果进行 N 次脉冲积累，采用相参积累可以将信噪比提高 N 倍，而采用非相参积累，则可以提高 $\sqrt{N}$ 倍。

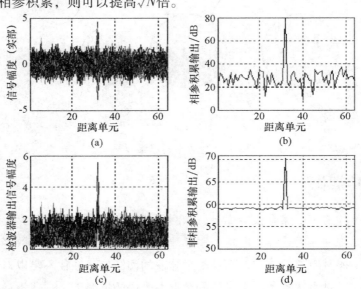

图 4.2　脉冲积累效果示例

图4.3所示的是一组仿真实验，可以帮助理解在脉冲积累过程中积累次数对改善信噪比的影响。可以明显看到，随着积累次数的增加，信噪比一直在提高。在实际应用中，雷达工程师需要在积累次数和处理时间之间权衡，并确定积累次数。

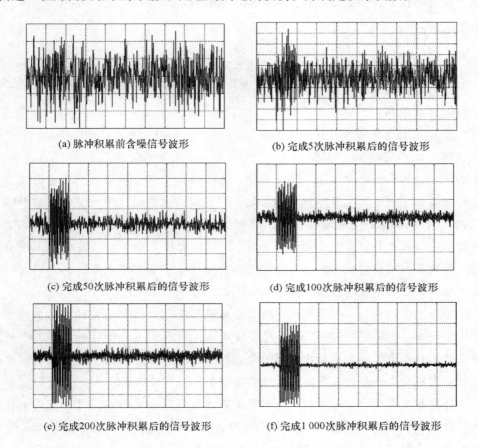

(a) 脉冲积累前含噪信号波形　　　　　　(b) 完成5次脉冲积累后的信号波形

(c) 完成50次脉冲积累后的信号波形　　　(d) 完成100次脉冲积累后的信号波形

(e) 完成200次脉冲积累后的信号波形　　　(f) 完成1 000次脉冲积累后的信号波形

图4.3　脉冲积累次数对改善效果的影响示例

◎类比

　　我国古语有云，"千里之行始于足下""不积跬步，无以至千里"——足见积累的效果，哲学上的"量变"引发"质变"也是需要达到一定量的积累。这有点类似于故事"三只小钟"中所讲的道理：

　　一只新组装好的小钟放在了两只旧钟当中，两只旧钟滴答滴答一分一秒地走着。其中一只旧钟对小钟说："来吧，你也该工作了，可是我有点担心，你走完三千二百万次之后，恐怕便吃不消了。""天啊，三千二百万次，"小钟吃惊不已，"要我做这么大的事，办不到，办不到。"另一只旧钟说："别听它胡说八道，不用害怕，你只要每秒滴答一下就行了。""天下哪有这么简单的事情？"小钟将信将疑，"如果这样，我就试试吧。"小钟很轻松地每秒滴答摆一下，不知不觉中，一年过去了，它摆了三千二百万次。

◎归纳

脉冲积累是通过将接收到的脉冲信号按照一定规则叠加之后再对目标进行检测、测量的技术，一般分为相参积累和非相参积累。

◎演绎

根据雷达方程，改善雷达性能的基本思路有：

(1) 增加雷达发射机的发射功率；

(2) 提升雷达接收机的灵敏度；

(3) 增大天线的有效接收面积；

(4) 减小雷达系统损耗。

可以分析出，脉冲积累并没有遵循上述思路，而是另辟蹊径，在雷达信号处理过程中增加了一个积累的环节（相应地，需要在接收机或信号处理部分增加脉冲积累模块），从而以时间成本为代价，增加了接收功率。如果采用相参积累（雷达的发射机、接收机等组成一个全相参系统），可以直接使噪声和杂波达到无序叠加而对消的效果，增大信噪比，提高检测概率；如果采用非相参积累，也可以在一定程度上增强信号，从而增大信噪比。

哈佛大学的积极心理学课程中提倡每天对需要花大量时间完成的主要任务采用"快跑 - 休息 - 快跑 - 休息"的时间安排策略，即尽量不要连续地工作，以致降低自己的工作效率。这类似脉冲工作的方式，当脉冲工作积累到一定程度时，自然而然就会完成预定任务，就像雷达通过脉冲积累完成目标检测一样。

脉冲积累是否一方面在启示我们不要成为仓促做决定的人，另一方面也在提示我们勤奋呢？俗话说"努力出精彩，竭力出灾难"，勤奋也应有度。正如脉冲积累需要把握次数，否则可能会用时太久，发现晚矣。

4.2　脉冲压缩

在我国的成语典故中有一个"朝三暮四"的故事，讲的是一群猴子，当主人和它们商量，想减少食物供应，改为"早上三个晚上四个"时，这群猴子很不满意，主人改口说"早上四个晚上三个"时，这群猴子欣然接受。

这个故事从猴子的角度看似乎很可笑，但是从养猴人的角度看，却透露着一种大智慧，即不增加任何资源，仅仅是改变资源的分配，有时也能解决一些实际问题。这有点像雷达的脉冲压缩，本节就讲述与此有关的知识（图4.4）。

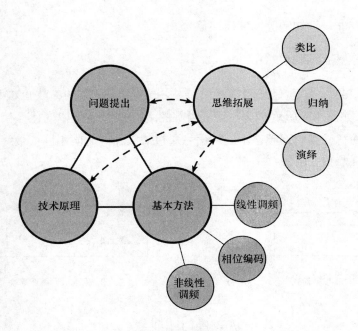

图 4.4　4.2 节的思维导图

4.2.1　问题提出

　　雷达在探测过程中，面临这样一个矛盾：从提高雷达距离分辨力的角度，脉冲宽度越窄越好，就像当两个人同时通过同一扇门时，两个人越瘦而且距离越远，越容易看清楚是两个人；而从发射功率的角度考虑，为提高发射功率，在无法提高脉冲峰值功率的情况下，脉冲宽度又越宽越好，这对矛盾如何解决？

　　如果通过增加单位时间的发射脉冲个数（单个脉冲的能量等于脉冲幅度与时宽的乘积；脉冲串的总能量等于单个脉冲能量乘以脉冲数；脉冲幅度受发射管峰值功率和传输线功率容量的限制），又会造成距离模糊。

　　这对看似无法调和的矛盾，雷达可采用脉冲压缩技术将其化解。

4.2.2　技术原理

　　所谓脉冲压缩技术，就是雷达发射时以满足发射功率的需求为主，发射一个宽脉冲，但是宽脉冲信号是经过特殊设计的（类似前文提到的养猴人对资源进行了配置），以便于接收时做"压缩"处理，使其变成一个"窄脉冲"，从而兼顾提高距离分辨力的需求。

4.2.3　基本方法

　　最简单的两种脉冲压缩信号是线性调频和相位编码，它们都属于大时宽带宽积信

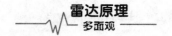

号。此外，还有非线性调频等脉冲压缩信号。

4.2.3.1 线性调频

线性调频信号是雷达专家们从鸟鸣声中获得启发发明的，故也被称作鸟鸣信号（Chirp 信号）。如图 4.5 所示，这种信号内部的频率按线性规律变化，接收时可通过声表滤波等器件使得脉冲内部频率不同的信号通过滤波器的时间不同，最终效果是使不同频率的信号叠加起来，形成一个窄脉冲。

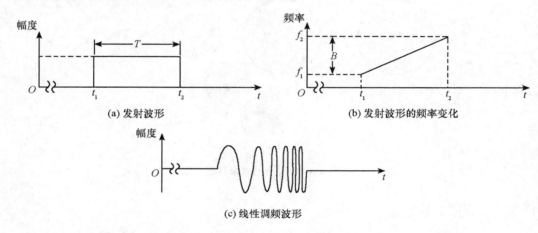

图 4.5 线性调频信号的频率变换规律机信号波形

此时，滤波器使信号延迟的时间随频率增加而线性减少，且减少的速度与回波脉冲频率增加速度一致（图 4.6）。于是脉冲各部分被"选"在一起，输出脉冲幅度变高，宽度变窄（被"压缩"）。

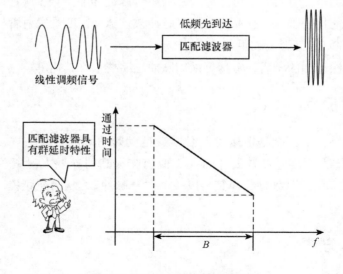

图 4.6 匹配滤波器的群延时特性

4.2.3.2 相位编码

第二种常用的脉冲压缩信号为相位编码信号，图4.7所示为相位编码信号，其中图4.7（a）为编码脉冲，每当脉冲信号的电平发生变化时，信号的相位就翻转180°；图4.7（b）为没有经过脉冲编码的信号，每一段信号的相位都承接前一段信号按照正弦或余弦规律变化；图4.7（c）为在编码脉冲作用下，相位被编码后的信号，可以看到，每次编码脉冲电平改变的时刻，信号的相位就会发生180°变化。

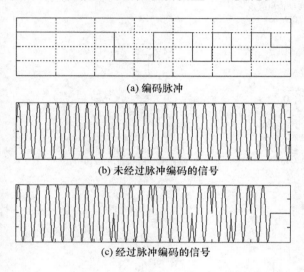

(a) 编码脉冲

(b) 未经过脉冲编码的信号

(c) 经过脉冲编码的信号

图 4.7　13 位 Baker 码相位编码波形示意图

以3位Baker码（＋＋－）编码为例说明相位编码信号的压缩原理，信号相位变化规律如图4.8和图4.9所示。

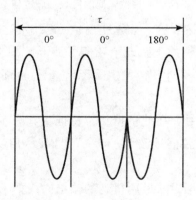

图 4.8　3 位 Baker 码相位编码波形示意图

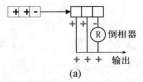

+ + -
+ + -
R
倒相器
+ + +
输出
(a)
滤波器的结构，即与编码规律相配合，如果编码规律中某一段相位不变，则相应延迟段的输出为1；如果某一段相位改变180°，则相应延迟段输出为-1，且在最终输出之前加倒相器，最后将每一段的输出值叠加到一起作为最终的输出结果。
+ + -
R
0
(b)
当回波信号即将通过滤波器时，滤波器没有输入信号，输出信号为0。
+ + -
R
-1
(c)
其中一位编码信号进入滤波器的情形，此时输出这段为相位翻转的信号，延迟段输出为-1，因为没有其他叠加信号，最终输出结果为-1。
+ + -
R
+ -
0
(d)
其中两位编码信号进入滤波器的情形，此时输出这两段为相位未发生改变和相位翻转的信号，延迟段输出依次为1和-1，两者叠加，最终输出结果为0。
+ + -
R
+ + +
+3
(e)
整个编码信号完全进入滤波器的情形，延迟段依次输出为1、1、-1，因第三段末端经过倒相器，改变其正负属性，它们的叠加结果为3。
+ + -
R
+ -
0
(f)
回波信号即将脱离滤波器，剩余信号1加上1的倒相输出，最终叠加结果为0。
+ + -
R
-
-1
(g)
回波信号进一步脱离滤波器，剩余信号1的倒相输出，最终叠加结果为-1。
+ + -
R
0
(h)
回波信号完全脱离滤波器，无输入，输出为0。

图 4.9　相位编码的接收处理过程

这个发射信号的回波被接收后，会通过一个延迟线组建的滤波器，该滤波器的作用是对每一小段信号（一个完整的正弦或余弦信号波形）根据其相位是否发生变化将其输出为 1（相位无变化）或 –1（相位发生反转），最后再逐段叠加，叠加前还可以增加倒相器改变输出信号的正负。

为简单表示这个发射信号，在此依据相位特征将其表示为“ + + – ”，其中“ + ”号表示相位未翻转的一段正弦信号波形，“ – ”号表示相位翻转 180°的一段正弦信号波形。

根据滤波器各时刻输出结果，最后得到的输出曲线如图 4.10 所示，只有一个峰值点，因此发射的宽脉冲被浓缩成了一个点。

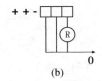

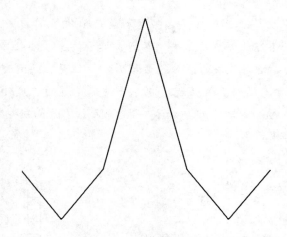

图 4.10　3 位 Baker 码的脉冲压缩波形示意图

同理，如果相位编码信号为 13 位 Baker 码，则相应滤波器输出波形及频谱如图 4.11 所示。

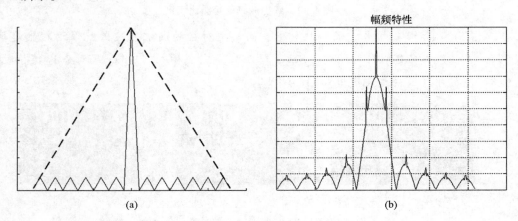

图 4.11　13 位 Baker 码的脉冲压缩波形与信号频谱示意图

4.2.3.3　非线性调频

非线性调频信号通过改变线性调频信号在不同时刻的调频率（比如采用正弦调频）来实现对信号功率谱的加权，从而改善脉压性能。

非线性调频信号的产生和处理与线性调频信号非常类似，在此不加赘述，感兴趣的读者可参考《非线性调频信号产生和处理的工程实现方法》。

◎类比

（1）可以将线性调频信号的回波想象成由许多长度相等、频率逐段增加的小信号段构成（步进递增频率调制），每一段可以联想为一名短跑运动员，如图 4.12 所示。

这里假设有 8 名运动员，出发时，这些运动员是依次按其自身速度递增（频率增加）的顺序排成一路纵队齐步跑出去，遇到目标后按原来的顺序返回，即跑得最慢的最先跑最先返回，跑得最快的最后跑最后返回。但是，快到终点时，设置一段跑道（滤波器），让所有运动员放开速度跑，并设定跑道的长度使得各运动员刚好同时跑到终点，原来的一路纵队就叠加成一排横队。从时间轴观察，原来的"宽脉冲"就变成了"窄脉冲"。

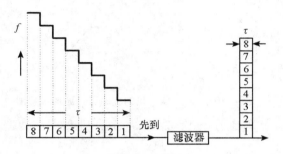

图 4.12　线性调频信号类比示例

（2）相位编码信号就像一把钥匙，而与之对应的匹配滤波器就像这把钥匙的锁，当且仅当与锁对应的钥匙（Baker 码匹配）完全插入（Baker 码对齐）锁芯时，锁才能打开（获得最大输出）（图 4.13）。

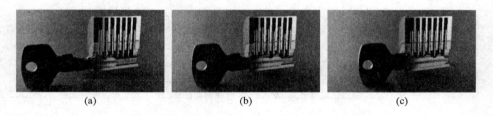

图 4.13　脉冲编码信号类比示例

◎ 归纳

脉冲宽度在雷达发射功率和距离分辨力这两项指标之间的矛盾似乎是无法调和的，但是雷达中的脉冲压缩技术转换思维（即发射时以发射功率为先考虑问题，通过发射宽脉冲增大了发射功率，接收时增加处理步骤提高距离分辨力），巧妙地解决了矛盾。现有脉冲压缩信号的分类如图 4.14 所示。

《雷达手册》将脉冲压缩方法分为有源和无源两类。有源法将延迟后的发射脉冲样本与接收信号混频；输入一个无源网络，该网络传输出数与发射信号产生网络的传输信号共轭。按这种分类方法，SAW 等无源线性调频器件处理属于典型的无源法，而其他脉冲压缩方法都可以归结为有源法。脉冲压缩的核心思想是匹配滤波（即当回波信号与发射信号一致时滤波器的响应幅度最大）。

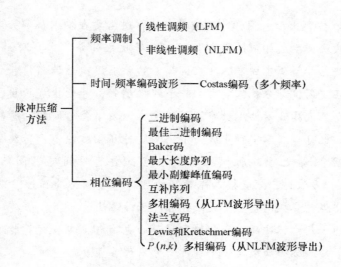

图 4.14　脉冲压缩信号的分类

◎演绎

（1）为什么线性调频信号能提高雷达的分辨力呢？

如图 4.15 所示，假设有两个宽脉冲的回波部分重叠到一起，当它们依次到达滤波器时，由于两个脉冲的到达有一个时间差，滤波器的滤波特性使得各自脉冲内部不同频率的信号与其最早到达的那段相重叠，所以经过滤波器后两个在接收之初没有"分辨"开的宽脉冲"聚拢"为两个窄脉冲而得以区分。

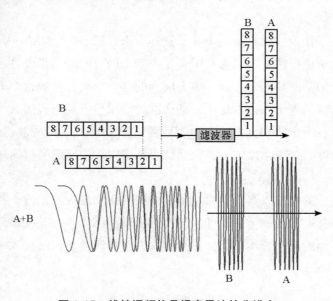

图 4.15　线性调频信号提高雷达的分辨力

（2）可以推断出，采用脉冲压缩技术的雷达需要在发射机部分增加一个脉冲压缩信号生成模块，生成相应的调制信号；在接收机部分，需要增加一个"解压缩"模块，对回波信号解码生成窄脉冲。例如，对于采用线性调频信号作为脉冲压缩信号的雷达，在发射机部分就需要增加一个线性调频信号的生成模块，在接收机部分相应增加一个声表滤波器件或数字解压模块，以便对信号解码。脉冲压缩既可以在中高频完成，也可以在零中频完成。中高频脉冲压缩方法有：传统的中频滤波；声表面波（SAW）等无源线性调频器件处理；全通时间延迟网络；压控振荡器（VCO）等模拟方法；中频直接采样数字处理。零中频脉冲压缩方法主要包括时域卷积和频域傅里叶变换两种流行的数字脉冲压缩方法。

请您再想一想，脉冲压缩和脉冲积累是否也有相似之处呢？脉冲积累是多个脉冲信号的叠加，而脉冲压缩是一个脉冲信号内部各部分的叠加。

4.3　脉冲多普勒技术

有两则发人深省的小故事——

谷仓里的金表

一位农场主在巡视谷仓时不小心遗失了一块金表，他发动了很多人帮他找，但忙到大半夜也没人找到。最后，一个小孩在众人走后，静静地听着手表发出的"滴答滴答"的声音，循声找到了金表。

复杂拼图

一位牧师为了让他吵闹不休的小儿子安静下来，把杂志中印有一幅世界地图的一页撕成碎片，让儿子去拼图，本以为儿子会花一上午的时间，结果没过多久，儿子就拼好了。原来小孩用的是图片的另一面，那上面画的是一个人，拼成这个人之后再把拼图翻过来，他想到，如果这个人拼得正确，那么世界地图也就是正确的。

这两则故事有一个共同点，即当一个问题直接去解决或用惯常思维想办法很难时，不妨变换一个角度，如果角度适当，就会使得本来很难的问题变得简单，从而更轻松地解决。

雷达也有这样的智慧，当雷达对地或对海探测面临强大的杂波干扰时，它将启动一套新的体制——脉冲多普勒体制，即采用通常所说的脉冲多普勒技术来解决对抗杂波干扰、完成目标探测的问题。本节将详细介绍这方面的相关知识（图 4.16）。

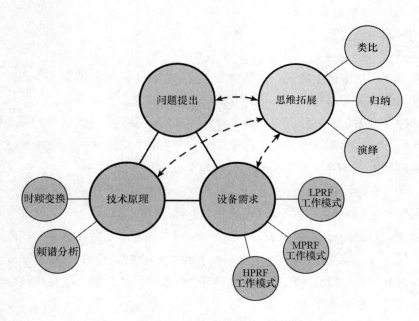

图 4.16　4.3 节的思维导图

4.3.1　问题提出

从第 1 章中的雷达简史部分可以看到：第一部机载雷达诞生于 1938 年。但是早期的脉冲体制雷达主要是对空探测，无法实现下视，也就是无法从空中向地面或海面方向探测目标，而且对运动目标的探测性能也不理想，这是为什么呢？

原来，机载雷达下视时，必然要面对大地或大海这样超级大的反射体，加上地物地形或海浪潮汐的影响，目标往往被淹没在强大的地杂波或海杂波中（图 4.17）。

图 4.17　雷达的杂波与干扰

直到脉冲多普勒技术在美国 E-2 系列机载预警雷达逐渐演化的过程中产生并发展起来，机载雷达才逐步实现下视，提高了对动目标的探测性能。

可以说，脉冲多普勒技术就是雷达为了对抗强大的地杂波或海杂波，实现机载雷达的下视功能，提高对动目标的探测性能而产生的。这一技术根据目标的运动情况来区分目标和背景杂波，从而变换了雷达的观察角度，巧妙地解决了地/海杂波干扰的问题。

4.3.2 技术原理

在脉冲多普勒技术诞生之前，雷达内部主要从时域上处理回波信号。因此，当杂波干扰与目标回波在同一时间进入雷达接收机时，很难对它们加以区分。

采用脉冲多普勒技术之后，雷达内部会将信号从时域变换到频域（时频变换，即不仅获取回波信号随时间变化的信息，还观察信号单位时间周期性变化的次数），通过对信号进行频谱分析（即在频域对信号进行处理）发现问题。

由于运动目标的回波不可避免地受多普勒效应的影响，产生多普勒频移，其在频域的信号会因为产生的频移而与静止目标或相对速度不同的目标区分开，就像青蛙的眼睛一样，敏感于动目标而形成独特的观察角度，还可以顺势测出目标的径向速度。

主要应用脉冲多普勒技术检测运动目标的雷达技术被称为动目标检测，仅显示所需要的动目标的脉冲雷达被称为动目标显示（MTI）雷达。是否加入动目标显示功能的雷达终端显示结果差别可能很大（图4.18）。

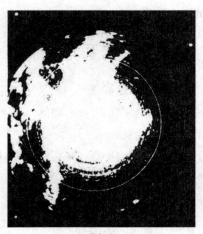 

(a) 正常视频　　　　　　　　　　　　(b) 动目标显示（MTI）视频

图4.18　MTI系统的效果

4.3.2.1 时频变换

正如苏轼的名诗：

横看成岭侧成峰，远近高低各不同。

不识庐山真面目，只缘身在此山中。

对很多事物而言，从不同的角度观察，可以看到不同的层面，获得不同的认知和感受。

时域和频域也是观察事物的两个角度，在雷达中就是观察信号的两个角度。

（1）时域是描述数学函数或物理信号与时间的关系，对目标进行时域观察就是对目标随时间变化的情况与特征的观察与判断。比如，某人每天凌晨 5 点起床、8 点上班等。一个信号的时域波形可以表达信号随时间变化的情况。

（2）频域是描述信号频率特性时用到的坐标系。比如，某人在一个月之内，每天凌晨 5 点起床的次数是 30，8 点准时上班的次数是 20。时域中一个标准的正弦波形曲线在频域看来就变成一条线（谱线），这条线出现的位置与频率大小有关，这条线的长度与波形曲线的幅度有关，如图 4.19 所示。

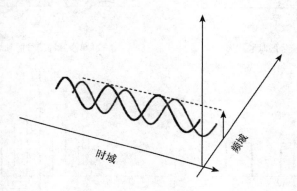

图 4.19　时域的波动曲线在频域观察变成一根谱线

同一信号在时域和频域尽管"表现"不同，但信号能量是守恒的，即遵循物理学中的能量守恒定律（图 4.20）。

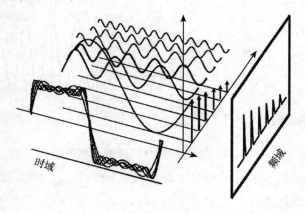

图 4.20　不同信号在时域和频域的"表现"

时频变换常用的方法有傅里叶级数、傅里叶变换、拉普拉斯变换、Z 变换和小波变换。在雷达系统中，常用的是傅里叶变换和 Z 变换，实际上就是通过数学运算将信号从以时间轴为横轴的时域坐标系变换到以频率轴为横轴的频域坐标系。

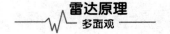

4.3.2.2　频谱分析

频谱分析主要用于识别信号中的周期分量，是信号分析中常用的手段。理论上，脉冲信号时域与频域的波形分别如图4.21（a）至（f）所示。

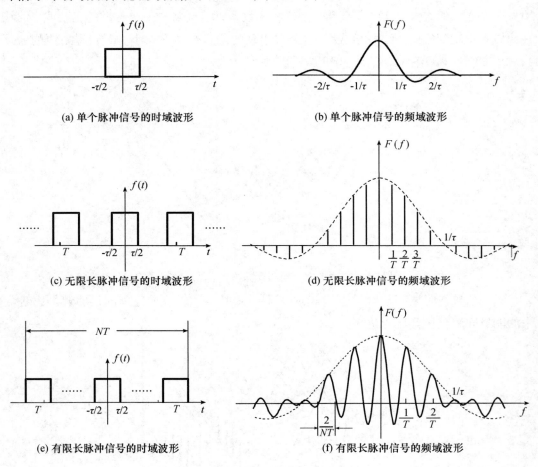

(a) 单个脉冲信号的时域波形　　　　　　(b) 单个脉冲信号的频域波形

(c) 无限长脉冲信号的时域波形　　　　　　(d) 无限长脉冲信号的频域波形

(e) 有限长脉冲信号的时域波形　　　　　　(f) 有限长脉冲信号的频域波形

图4.21　脉冲信号时域与频域的波形

显然，雷达发射并接收的脉冲信号都是有限长的，而且一般从零点开始计数，于是，雷达的射频脉冲频谱曲线一般如图4.22所示。

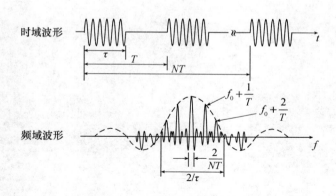

图 4.22　雷达的射频脉冲波形和频谱

实际探测中，干扰与杂波的存在使可能夹杂着目标回波的雷达信号杂波谱如图 4.23 和图 4.24 所示。

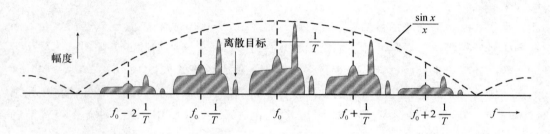

图 4.23　雷达信号回波频谱

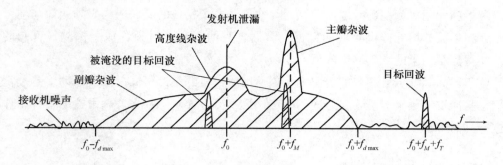

图 4.24　雷达信号回波在载频 f_0 附近的频谱

在雷达系统中，频谱分析就是根据接收回波的时频变换结果——杂波谱，对信号进行分析与判别。

4.3.3　设备需求

根据脉冲多普勒技术的技术原理，可以分析出采用这项技术势必对雷达基本组成设备有一些特殊需求（图 4.25）。

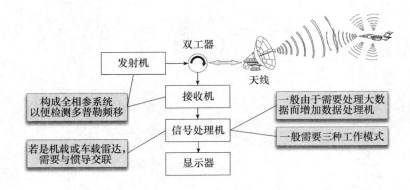

图 4.25　脉冲多普勒技术的设备需求

首先，采用这项技术需要发射信号具有很高的稳定度和频谱纯度，因而发射机、接收机需构成全相参系统，即发射机必须采用主振放大式的构建方式，雷达整机具有统一的频率基准。

其次，系统对回波信号的处理需要进行时频变换和频谱分析，处理数据量大，因而这种信号处理机比普通脉冲体制的雷达要复杂得多，于是实际的脉冲多普勒雷达甚至会增加数据处理机来完成这部分处理任务。不仅如此，由于不同的脉冲重复频率（PRF）的探测效果是不同的，几乎所有的脉冲多普勒雷达都有三种工作模式：高脉冲重复频率（HPRF）、中脉冲重复频率（MPRF）和低脉冲重复频率（LPRF）。三种工作模式下的频谱分析算法是不同的，因而需要配置相应的频谱分析和参数测量模块。

最后，如果雷达是运动的，雷达必须对自身的运动情况有所感知，以便对多普勒频移的测量和使用更为精确，因而雷达与其他一些电子设备的交联成为必须。如与惯导的交联，如果没有惯导提供相应的数据，雷达自身的运动会对频域信号构成不可知的干扰，使得探测结果的准确程度降低。

鉴于不同脉冲重复频率的情况下，雷达回波信号的频谱不同，所以脉冲多普勒雷达可依据脉冲重复频率的不同而分成三种工作模式。下面对脉冲多普勒雷达的三种工作模式进行具体解释。

4.3.3.1　三种工作模式的划分

脉冲多普勒雷达的三种工作模式是以其脉冲重复频率作为参数来划分的，一般来说，高脉冲重复频率可直接测量出雷达所能测得的最大速度而没有测速模糊；低脉冲重复频率可直接测量出雷达所能测得的最大距离而没有距离模糊；介于高低之间的脉冲重复频率即为中脉冲重复频率。

4.3.3.2　高、中、低脉冲重复频率的相对性

一个 20 kHz 的 PRF 在波长为 3 cm 时可能是"中"的，而在波长为 10 cm 时可能是

"高"的（图4.26）。

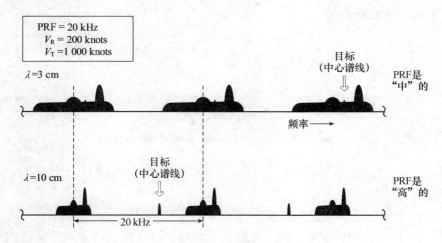

PRF = 20 kHz
V_R = 200 knots
V_T = 1 000 knots

目标
（中心谱线）

PRF是
"中"的

λ=3 cm

频率——

目标
（中心谱线）

PRF是
"高"的

λ=10 cm

20 kHz

图4.26 高、中、低脉冲重复频率的相对性

4.3.3.3 三种工作模式的应用

如图4.27所示，低脉冲重复频率可采用脉冲延时法直接测距，测距精度高，距离分辨率好，空－空仰视、对海探测和地图测绘性能好；但是空－空俯视性能不好，大部分目标回波可能与主瓣杂波一起被抑制掉，探测地面动目标有困难，一般要求采用高峰

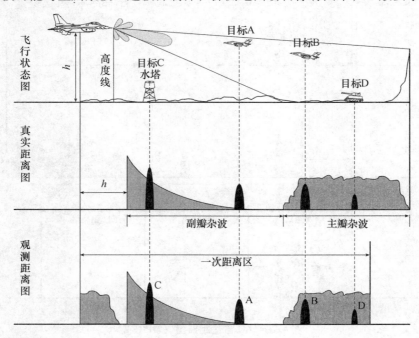

目标A

目标B

飞行状态图

h

高度线

目标C
水塔

目标D

真实距离图

h

副瓣杂波

主瓣杂波

观测距离图

一次距离区

C

A

B

D

图4.27 PD雷达距离图（LPRF）

值功率或脉冲压缩技术。图 4.28 显示了 PD 雷达回波频谱，可以看出在低脉冲重复频率情况下，信号频谱高度混叠。

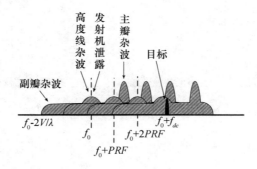

图 4.28 PD 雷达回波频谱（LPRF）

如图 4.29 所示，中脉冲重复频率全方位性能好，抗主瓣杂波和副瓣杂波的性能都较好，易于消除地面动目标；但是接近速度过高或过低的目标的探测距离均受副瓣杂波的限制，必须解决距离模糊和多普勒模糊，需专门措施抑制强地面目标的副瓣杂波。图 4.30 显示了中脉冲重复频率的频谱，可以看到，在中脉冲重复频率情况下，频谱之间无交叠。

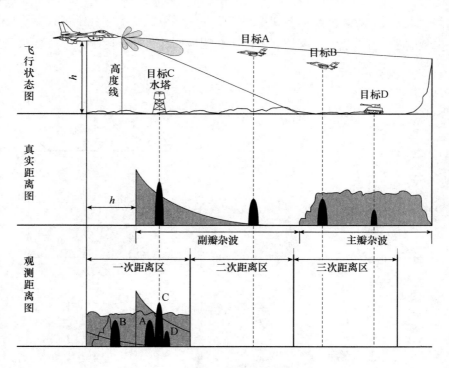

图 4.29 PD 雷达距离图（MPRF）

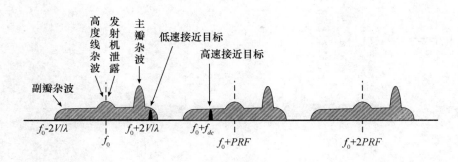

图 4.30　PD 雷达回波频谱（MPRF）

　　如图 4.31 所示，在高脉冲重复频率情况下，高速接近目标出现在无杂波清晰区，可得到较高的平均功率，抑制主瓣杂波时不会抑制目标回波；但是对接近速度较低，目标的探测距离因副瓣杂波而下降，不能采用简单而精确的脉冲延时法测距（需解距离模糊），接近速度为零的目标可能与高度杂波一起被抑制掉。图 4.32 显示了 PD 雷达回波频谱，可以看出在高脉冲重复频率情况下，信号频谱的间隙更大，可以清晰显示某些目标的多普勒频移曲线。

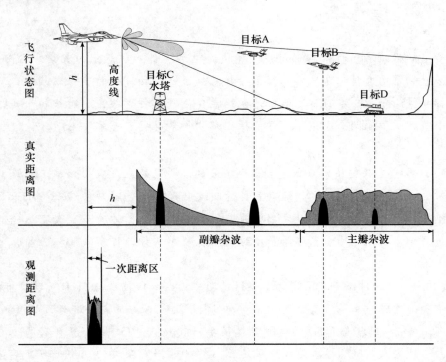

图 4.31　PD 雷达距离图（HPRF）

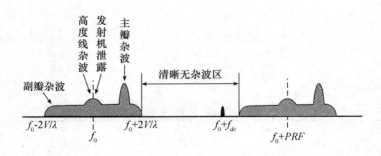

图 4.32　PD 雷达回波频谱（HPRF）

实际上，雷达一般设置若干脉冲重复频率，供三种工作模式采用。例如，在 X 波段，MPRF 的频率范围为 1 000 ~ 100 000 Hz，典型值为 10 ~ 50 kHz。美国的 AN/APG66 型雷达的 8 个脉冲重复频率分别为 14.925 kHz、14.286 kHz、13.699 kHz、12.048 kHz、11.494 kHz、9.709 kHz、8.85 kHz、7.874 kHz，发射脉宽 1 μs。

总而言之，脉冲多普勒技术通过变换角度观察处理信号，有效地解决了对抗杂波的问题，采用这一技术的雷达，还可以排除一些人为干扰，这一点将在本章雷达抗干扰部分进一步解释。

◎ 类比

　　青蛙的眼睛对动目标特别敏感，能快速把运动目标从静止的背景中区分出来，脉冲多普勒雷达也借用了这样的仿生学智慧，通过运动目标的多普勒频移更好地检测目标、排除干扰。在日常生活中，也经常会用到这种思维，有时候换个角度，就像本小节开头举的两个小例子一样，往往有"柳暗花明又一村"之感。

◎ 归纳

　　（1）脉冲多普勒技术是雷达利用电磁波的多普勒效应来从"频率"角度分析回波特征的方法，或者说是利用运动目标的回波会产生多普勒频移这一特征来滤除杂波，更好地检测运动目标。从发射脉冲重复频率的角度，脉冲多普勒雷达一般有高脉冲重复频率、中脉冲重复频率和低脉冲重复频率三种工作模式及相应的信号处理方法。

　　（2）PD（脉冲多普勒）技术、MTI（动目标显示）技术与 MTD（动目标检测）技术都是采用脉冲工作方式，利用杂波与目标多普勒频移的差异进行目标检测。

不同的是，MTI 与 MTD 的脉冲重复频率一般较低，而 PD 一般具有高脉冲重复频率的工作模式。MTI 技术是现阶段地面雷达抑制固定杂波的主要手段，其基本原理是利用运动目标回波脉冲间的相位起伏实现杂波对消，而固定地物杂波的相位不起伏；MTD 技术是在 MTI 技术基础上发展起来的性能更好的频域滤波技术，改进的重点是加入了多普勒滤波器组，使目标回波得到近似最佳滤波。通常 MTD 被视作低脉冲重复频率的 PD。

地面雷达消除气象、箔条等运动杂波必须采用自适应 MTI，用闭环自适应频率补偿的办法使滤波器凹口对准杂波中心。机载雷达的自适应 MTI 还必须解决雷达平台的侧向和前向运动补偿和天线的扫描补偿等难题。更好的杂波和干扰抑制手段是动目标检测（MTD）和空时自适应处理（STAP）。

MTD 普遍采用数字信号处理，用加权 FFT 实现窄带滤波器组滤波，用数字延迟实现固定杂波对消，用数字杂波图控制中放增益并实现慢速和切向飞行目标的检测。低重频 MTD 雷达同样存在速度模糊，必须采用多重脉冲重复频率解决目标回波可能落入运动杂波区和解模糊的问题。相比之下，空时自适应处理利用了杂波的空域分布信息，具有一定优势。

◎演绎

从雷达方程的角度分析，脉冲多普勒技术没有对发射机、接收机、天线进行改进，而是在雷达信号处理机方面另辟蹊径，变换角度观察信号，从"动"与"不动"的频率特征轻松区分动目标和背景杂波，又一次证明了电磁波频率特征的重要性。

脉冲多普勒雷达不仅仅使得军用机载雷达可以完成下视功能，更有效地对抗杂波和干扰，而且在我们的日常生活中也有应用。比如：气象雷达采用脉冲多普勒技术之后，可以对空中的云、雨做更精确的判断，我们每天听的天气预报的准确率也有大幅度的提高；此外，在公路上，现在随处可见的雷达测速仪也是脉冲多普勒技术的应用。

4.4　相控阵技术

相控阵技术的发明，本身就是仿生学的精彩应用。

故事可以从昆虫的复眼说起。常见的昆虫中，家蝇约有 4 000 只小眼睛；蝴蝶、蛾子约有 28 000 只小眼睛；蚊子和蚂蚁的复眼数是 50 左右……

昆虫的复眼使得它们可以眼观六路的同时，还可以允许一定程度的降级，如果一两只小眼睛出了毛病，基本上不会对其视力产生很大影响；而且多个眼睛从不同角度对目标成像，对外物的观察也可以获取更多的信息。也许正是这些优势促发了科学家的灵感，使得仿生学对雷达的发展有了进一步的促进。

相控阵天线上数量较多的天线辐射元，正像昆虫复眼中的一只只小眼睛，但是实现一部相控阵雷达，还需要控制各天线辐射元如何向不同的方向辐射电磁波。于是，雷达专家们又引入波的叠加原理，即利用电磁波在空间相遇时叠加的自然规律完成天线波束的合成，而雷达内部所需要做的就是控制天线各辐射单元初始馈电相位。

于是从相控阵概念的提出，到相控阵雷达付诸工程实践，雷达专家们历经了近20年的努力，终于使得雷达技术发展到相控阵时代。

就像很多技术创新一样，相控阵技术除了提升了雷达探测性能之外，还给雷达技术的发展带来了新的契机。本节将介绍与雷达相控阵技术相关的内容（图4.33）。

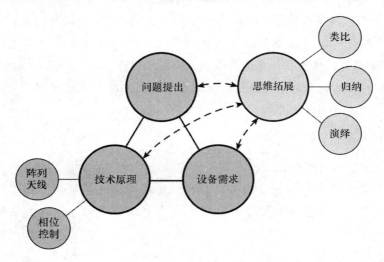

图 4.33　4.4 节的思维导图

4.4.1　问题提出

从基本雷达方程中可以推理得出，欲增加雷达的作用距离，可以从以下四个方面着手：（1）提高雷达发射机的发射功率；（2）改善雷达接收机的灵敏度；（3）增大雷达天线的有效接收面积；（4）减小系统损耗（考虑实际设备因素）。

但是，如果仍旧采用传统雷达体制，可以预见这四个改善方向都会遭遇到瓶颈。

增加发射机的发射功率，本身就是一种"事倍而功不及半"的做法，因为从雷达方程可知，发射功率提高为原来的 2 倍，在没有任何新增损耗的情况下，作用距离仅增加为原来的 $\sqrt{2}$ 倍。此外，发射机发射功率越大，对设备要求越高，而且即使可以提高，也总有一个极限。

虽然接收机的灵敏度越高，雷达的作用距离就越远，但是接收机越灵敏，也会越脆弱，同时检测到假目标的概率会增加。此外，目前雷达接收机的灵敏度已经很高了，就像计算机的摩尔定律已经几近失效了一样，提高接收机的灵敏度亦是举步维艰。

在其他因素不变的情况下，天线的有效接收面积越大，雷达探测距离就越远。可惜，雷达天线的面积势必会受到雷达体积的限制，如机载雷达不适合配个大天线；地面雷达的天线体积也会受到诸多因素的限制。

系统损耗不可避免，传统体制雷达的传输线长度不可能缩得很短，因此减小系统损耗也会遭遇瓶颈。

那么，可否另辟蹊径呢？

请看相控阵技术！

4.4.2 技术原理

所谓"相控阵"，展开来就是"相位""控制""阵列"。

所以相控阵的技术原理，可以分解为两个问题：

（1）为什么是"阵列"？

（2）为什么要"相位控制"？

4.4.2.1 阵列天线

阵列天线的相关介绍可以参见本书第2.5.4.2小节。

随着雷达技术的进步，同时多波束成为一些雷达的基本需求，这要求天线分区工作。于是，一个天线单打独斗的时代结束了，天线演化为天线阵，很多天线一起工作，而且可以分为若干子阵，不仅实现同时多波束，而且还可以在此基础上设计一些抗干扰算法（图4.34）。

图4.34 单打独斗与团结协作

阵列天线中各"小天线"被称为"辐射元"，每个辐射元可以受控独立向外辐射电磁波信号，最终形成的雷达天线波束就是各辐射元辐射的电磁波的叠加（图4.35）。

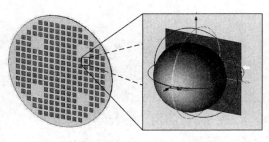
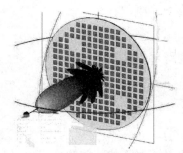

(a)某相控阵天线，每个辐射元的方向图　　　　　(b)此相控阵天线总的方向图

图 4.35　每个辐射元方向图与总方向图

4.4.2.2　相位控制

为什么对这个"阵"要进行"相位控制"呢？答案是为了实现电扫描。

电扫描就是通过改变馈电的相位或频率，使得天线无须转动就可以改变辐射方向，从而不仅省略了天线伺服系统，而且使得天线波束指向转换更为快捷灵活。

相控阵天线电扫描的原理类似于第 3.3.2 小节介绍的相位法测角原理的逆过程。相位法测角是通过测量多个天线接收回波的波程差来进行角度测量，而相控阵天线则是控制天线阵每个辐射元的馈电相位（相当于改变波程差）来改变天线指向（图 4.36）。下面进行具体分析。

以两对称振子组成的天线为例，图 4.36 给出了不同方向的电磁波辐射叠加的情况不同，导致强度差异。其中，在 A 方向，由于两振子初始馈电相位相同，在此方向辐射过程中走过的路程相同，因此是同相叠加，强度最大。而在 B 方向，由于两振子的辐射波在该方向上走过的路程不同，相位出现差异，非同相叠加，因而强度较 A 方向弱。

如果能够在一个对称振子天线上增加一个装置（移相器），使得发射的电磁波间存在一个相位差恰好可以补偿掉波程差，就可以做到在 B 方向上同相叠加。进一步，可以利用这一叠加效果采用多个振子组成天线阵，改变天线的辐射方向；当馈电的大小和相位不同时，天线辐射处的电磁波在空间会遵照波的叠加规律进行矢量叠加，形成不同的天线方向图。

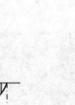
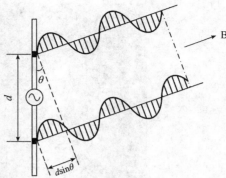

(a) 垂直于天线阵面的A方向波的辐射同相叠加　　　(b) B方向波的辐射非同相叠加

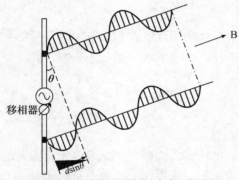
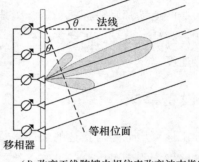

(c) 添加移相器补偿波程差使B方向同相叠加　　　(d) 改变天线阵馈电相位来改变波束指向

图 4.36　相控阵雷达辐射叠加原理

将上述天线方向性形成的原理用数学语言来描述：设两阵元间距为 d，雷达的工作波长为 λ。如果想合成波束指向与两者连线法向方向的夹角为 θ 的波束，则只需控制对两阵元馈送的电磁波信号的相位差 $\Delta\varphi$ 为：

$$\Delta\varphi = 2\pi \cdot \frac{d\sin\theta}{\lambda} \tag{4.1}$$

式（4.1）就是相控阵雷达所有公式推导的基础，即说明其是如何利用阵元间的位置差和相位差补偿波程差，合成一定指向的波束的。式中，$d\sin\theta$ 即为指向角为 θ 的波束由于两阵元的位置差形成的波程差，这个差值与雷达辐射的电磁波波长的比值应与相位差占整个相位周期（2π）的比值相当。

整体来说，相控阵雷达正是通过控制各阵元的初始馈电相位来调整各阵元合成的等相位面与阵面所成的角度，从而调整辐射电磁波的指向和合成情况。

观察图 4.37，容易联想到我军的一个常见的队列动作，即队列的整体排面转弯。在这个时候，排头原地踏步（类似馈电相位不做改变），该排其余队员根据自己相对于排头的位置依次加大步伐调整自己的朝向。

所以说，相控阵雷达的发明，可谓雷达扫描体制的大变革。在相控阵雷达出现之

图 4.37　联想军队的整体排面转弯

前，雷达天线的运动都是机械驱动的，天线对空间不同方位的扫描由天线自身的转动完成。采用相控阵体制之后，天线无须转动，不仅仅摆脱了机械驱动的控制，而且获得了更快的扫描速度。

4.4.3　设备需求

相控阵雷达实质上是对雷达的天线进行了比较大的改进，把原来仅作为无源器件的天线阵面扩展成为一个可以自行控制天线波束指向的庞大系统。有源相控阵甚至还把雷达发射机移至天线部分，与接收机的一部分功能相结合，组成控制天线阵元的 T/R 组件，使得天线的功能更为强大，占雷达总成本的70%以上。

因此，相控阵雷达与普通机械扫描体制雷达的区别可以概括为以下三个方面：

（1）天线为阵面天线（天线阵）。为实现相位控制，新增相位控制单元（对于无源相控阵，相位控制单元即为"移相器"；对于有源相控阵，相位控制单元即为"T/R 组件"）和波控系统，天线的馈线因为变得更为复杂而自成系统。

（2）接收系统。因为有一部分功能被移至天线，所以接收系统一般是简化的超外差式接收机，只是为配合天线的强大功能而进行多个通道信息处理。

（3）信号处理。因为天线功能强大，又增加了相位控制，所以需处理的数据量大，有些雷达甚至增加了数据处理机。

图 4.38 为相控阵天线组成框图，这个图可以分三个层次来理解。

第一层是核心层，即相控阵天线新增的相位控制单元和波控系统，其中相位控制单元的主要功能是控制天线阵元的馈电相位，也就是公式（4.1）中的 $\Delta\varphi$，每个相位控制单元都需要按照波控统一的计算结果施加相位控制。无源相控阵中的相位控制单元就是移相器，而对于有源相控阵就对应了 T/R 组件。波控系统需要接收来自雷达主控计算机的指令以实现对各相位控制单元的情况进行统一控制，可以看作是天线部分的"总负责人"。

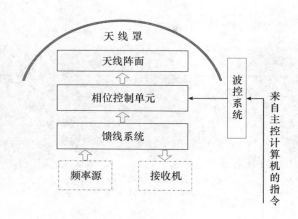

图 4.38 相控阵天线组成框图

第二层是功能层，包括传统天线所必需的天线罩、天线阵面和馈线，只是天线阵面较传统天线增加了相位控制。另外，馈线因为较传统天线复杂而自成系统，馈线系统是对相控阵天线的复杂的传输线系统的统称，包括发射馈线、接收馈线、收发公用馈线和检测馈线，比如，通常所说的功分网络属于发射馈线。

第三层是交联层，也就是相控阵天线与雷达其他部分的交联关系，主要是波控系统接收雷达主控计算机的控制指令并汇报自己的状态及工作情况；相位控制单元与雷达的接收机、频率源互相通信。对于无源相控阵来讲，还需要发射机的配合。

图 4.39、图 4.40 展示了一些现有的相控阵雷达（主要是天线部分）。在实际设备中，相控阵雷达与普通机扫体制雷达相比，与设备应用相关的还有以下三点：

（1）自检界面的解读——明确设备组成及功能；T/R 组件允许一定的故障率。

（2）雷达状态转换——较机扫雷达复杂；各状态下设备连接关系不同；转换顺序及规则不同（一般以待机态为中介）。

（3）使用维护——需增加移相测试、天线校正等步骤，使用时需注意抗干扰方面

(a) 多功能雷达

(b) 相控阵雷达

图 4.39 地基相控阵雷达示例

优势的发挥，即可随机扫描、扇区设置灵活等。

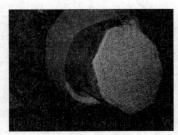  

(a) 美国AN/APG-79火控　　　(b) 用于改进型"台风"战斗机的　　　(c) 俄罗斯"甲虫"改进型
　　雷达天线　　　　　　　　Captor-E相控阵雷达　　　　　　　相控阵雷达

图4.40　机载相控阵雷达示例

其中，移相测试很容易理解，即对相控阵天线的相位控制单元的移相器进行测试，看移相是否能正常工作。这里重点解释一下天线校正，天线校正的主要目标是为了补偿各相位控阵单元的初始公差，因为即使相位控制单元是同一厂家的同一批产品，也会有初始误差的不同，这对相控阵的移相控制会造成影响，于是每次更换器件或天线移相控制出现异常时都需要进行天线校正。目前，天线校正主要是雷达内部通过软件计算对各相位控制单元增加一个补偿值，具体雷达的操作方法有所不同。

◎ 类比

从相控阵体制的发明，可以发现相控阵天线与昆虫的复眼比较类似。从相位控制阵列还可联想到行军布阵，相控阵天线上的每个阵元都像一个士兵；每个"士兵"都配有一个相位控制单元对其进行辐射控制，就像控制单兵作战职能；所有的相位控制单元都由波控系统统一控制，所以波控系统相当于天线阵的"总指挥"；整个天线阵有馈线系统负责通信；雷达主控计算机是天线阵"这支部队"的司令部。

◎ 归纳

相控阵即"相位控制阵列"，它通过控制天线阵上每个辐射元的相位来控制合成波束的辐射方向和能量分布，这既是对雷达天线的重大改进，也是对雷达扫描体制的革新。

◎ 演绎

1. 优点即缺点

相控阵雷达有它的优点，也不可避免地具有缺点。然而，值得深思的是，相控阵雷达更有力地在说明"优点即缺点，万事万物都至少具有两面性"的道理，且看图4.41所示的对比。

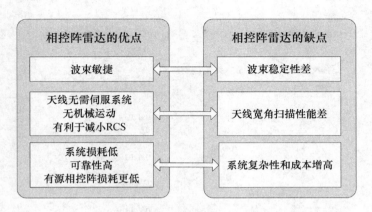

图 4.41　相控阵雷达的优缺点对比

首先，相控阵雷达实现了电扫描，波束指向转换速度可达微秒量级，而机械扫描的波束切换速度最快只能达到秒级。然而，波束敏捷同时带来一个负面效应——波束的稳定性差，快和稳定之间存在矛盾。

其次，相控阵天线阵面可以免去机械运动，减少了天线伺服系统带来的设计、制造、使用和维护等方面的问题，而且天线阵面可以在天线罩中倾斜放置，使得敌雷达正面照射到天线的概率很小，从而减小了被敌人发现的概率。但是，因为天线是不动的，当波束指向与天线阵面法线夹角过大时，探测性能会有所下降，而且随着角度增加，性能会越来越差。这一点可以通过自身做实验来理解：面朝某一方向，保持自己的头不动，仅靠眼睛的转动看周围的事物，显然，正对自己的方向看得最清楚，越往两侧看视野越受限，这与相控阵天线辐射与阵面法线成一定角度的波束时面临的情况是相似的。

最后，系统损耗降低，这一点可以通过图 4.42 来说明。而且由于相控阵雷达一般采用固态技术，系统可靠性大幅提高，但是这些优势与波束敏捷一样，都是以系统复杂性和成本的提高为代价的。

"优点即缺点"这条规律对于我们自身也是这样，有些特点可能被我们看作是自身的优点，比如谨慎、勤奋、雷厉风行等，但是在有些时候，这些所谓的优点可能会变成影响我们事业成败的缺点。比如：有时候谨慎可能使我们错失良机；雷厉风行有时可能蜕变成鲁莽；等等。所以，从哲学角度看，没有所谓的优点或者缺点，只有因地制宜、随机应变。能够及时地审时度势并采取适当的应变措施，调整自己的状态，在现代社会中可能更为重要。

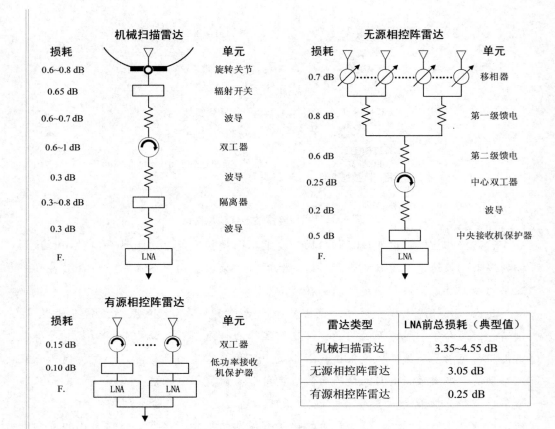

图4.42　机扫体制、无源相控阵与有源相控阵雷达的损耗对比

2. 相控阵技术如何为雷达发展带来新的契机

根据本书第2章介绍的雷达方程，如果想提高雷达性能，可以从以下几个方面入手：

（1）提高发射机的发射功率；

（2）提高接收机的灵敏度；

（3）增大天线的有效接收面积；

（4）扩展开来，再考虑系统损耗等因素，可以尽量减小系统损耗等。

但是如果采用传统的机扫体制，上述思路实现起来面临很多困难：

（1）发射机的发射功率受器件、功耗等的限制，不可能持续增大，而且增大发射功率对雷达作用距离的贡献可谓事倍功半（发射功率增大为原来的2倍，在不计损耗的情况下，作用距离仅提升为原来的$\sqrt{2}$倍）；

（2）接收机的灵敏度目前几乎已经做到了极致，再改善容易使接收机因为过度敏感而脆弱；

（3）考虑设备体积重量的限制，天线也不可能无限制地增大；

（4）系统损耗也是不可避免的。

因此，如果继续按原来的思路做下去，雷达就会遭遇发展中的瓶颈。这就是 20 世纪 50 年代美国完成 E–2 系列机载预警雷达的改进之后雷达技术进步举步维艰的原因。

采用相控阵技术之后，雷达相当于对自身设备进行了优化重组，上述难题可以换个思路来解决。比如，采用相控阵体制之后：

（1）如果想增大发射功率，可以采用有源相控阵技术，通过增加 T/R 组件的数目来提高发射功率，因为单个 T/R 组件需要的电压和功率都不高，而在空间合成大功率射频信号，设备内部没有面临高压、高热的风险。

（2）既然增加接收机的灵敏度已经升到一定极限，直接改进势必举步维艰，但是相控阵雷达选择绕道而行，将接收机的一部分功能移至天线，与天线的和差网络结合可以直接为接收机提供更好的接收信号，从而提升接收机的处理性能。

（3）雷达天线是不可能无限制地做大的，尤其是对于机载雷达而言，但是相控阵天线有望实现一种"智能蒙皮"的效果，即把飞机的表皮改装成雷达的天线罩，而雷达天线可以设计成与机体外部流体造型一致的形状，从而使得雷达天线可以进一步扩大，而且不影响飞机的机动性能，比如以色列的 Phalcon 雷达，其雷达天线就有一部分与飞机表皮重合，如图 4.43 所示。

（4）减小系统损耗对于机扫体制雷达来讲，已经很难再进一步，但是采用相控阵技术，尤其是有源相控阵技术之后，系统损耗可以大幅度降低。

图 4.43　以色列 Phalcon 预警机

综上，相控阵雷达技术可以为雷达的发展带来新的契机，它体现的不仅仅是仿生学的智慧，而且打破了雷达方程引领的改进模式，创造性地从天线扫描方式着手改进，为雷达技术的发展开辟了一条新的道路。所以自 20 世纪 80 年代以来，世界各国就步入了相控阵雷达的时代。

关于相控阵雷达的具体设计等方面的问题可进一步参考《相控阵雷达技术》一书，书中有关于相控阵雷达工作方式设计、天线波束控制、天线与馈线系统的设计、发射机系统、接收系统、多波束形成、有源相控阵技术、宽带相控阵等方面内容的展开介绍。

相控阵雷达于雷达体制的革新而言，如同破茧成蝶般的蜕变，它将雷达各组成部分按照新的扫描体制优化重组，天线变成新的天线，其他部分根据天线接收信号的处理需求做以相应改进，从而使雷达获得新生。

4.5　合成孔径技术

请先看一则《新盲人摸象》的故事——

有一位很有智慧的老人，从小双目失明。有一天，他听到他的五个老朋友摸过象之后争论，一个说"大象像弯弯的管子"；一个说"大象像个细细的绳子"；一个说"大象像一堵墙"；一个说"大象像粗粗的柱子"；最后一个说"大象像又圆又滑的弯棍，还有尖"。于是这位老人也决定去摸一摸。

终于机会来了，他碰到一个驯象人赶着大象，于是他征得驯象人的同意，让大象固定站在一个地方，他记住一个起点，围着大象摸了一圈，从上到下，从左到右。他发现大象比他想象的大得多，他的朋友说的都对：大象身体两侧都像墙；有四条像柱子一样的腿；有一条像绳子的尾巴；有像长粗管子似的部分，驯象人告诉他是象鼻；鼻子旁边各有一根又圆又滑的弯棍，驯象人告诉他是象牙……把这些特征综合起来，才是象的全部。

从这则故事中，是否可以看出多源信息融合的重要性呢？合成孔径雷达就是进行多源信息融合的典型。本节将介绍与此相关的内容（图4.44）。

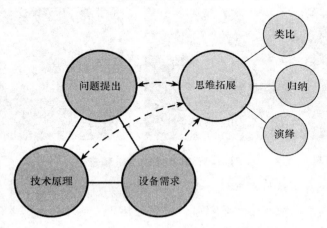

图4.44　4.5节知识点的思维导图

4.5.1　问题提出

雷达天线所辐射波束的宽度与天线面积有关，如图4.45所示，在频率相同的情况下，天线面积越大，所辐射的波束宽度越窄。

"大天线，波束窄"　　　"小天线，波束宽"

雷达在工作频率相同时

图 4.45　天线面积和波束宽度之间的关系示意图

此外，天线波束宽度还与雷达的工作频率有关，工作频率越高，辐射波束越窄；反之则越宽。

于是，雷达又面临一个看似无法调和的矛盾：选定雷达工作频率之后，我们往往希望雷达天线体积不要太大，而且辐射波束宽度尽量窄一些。根据天线原理，常规雷达的波束宽度决定了雷达的角分辨力。如果波束宽度能窄一些，就可以提高雷达的方位分辨力。

这个矛盾很难解决，因为如果想提高方位分辨力可以有两种方案：

方案一：提高工作频率，后果是大气衰减严重。

方案二：增大天线尺寸，受雷达体积重量的限制，尤其是对机载雷达而言。

更为严重的是，天线波束宽度会随着探测距离的增加而展宽（图 4.46）。例如：某机载雷达天线真实孔径为 0.5 m，其天线波束宽度为 2°，那么在 50 km 的距离上，它的方位向分辨力约是 1 750 m——显然这样的分辨力不能满足战场侦察的需求。

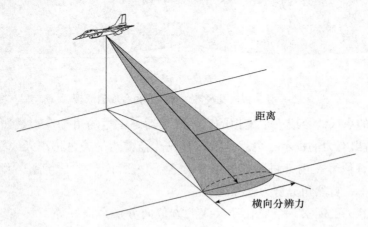

距离

横向分辨力

图 4.46　机载雷达探测波束的横向分辨力与距离之间的关系示意图

解决这一矛盾的基础就是合成孔径技术，也就是通常所说的 SAR（Synthetic Aperture Radar）技术——它是一种新型雷达探测技术，具有较高的分辨率，可以获得区域目标的图像，它也被称为微波全息成像技术或者微波成像技术。

那么，合成孔径雷达到底是怎样解决前面提出的矛盾呢？雷达是如何成像的呢？

4.5.2 技术原理

合成孔径雷达的基本原理是在雷达载体（平台）运动的过程中，实现天线孔径的等效合成，形成一个比真实天线孔径大得多的合成孔径，从而把方位向分辨力提高到"米"的量级甚至更高。合成孔径雷达由此得名。

可以从天线阵和信号处理两个角度理解合成孔径雷达技术。

（1）从天线阵的角度解释

合成孔径雷达是利用天线的运动形成天线阵，这一点与前面介绍的相控阵雷达技术有异曲同工之妙。它不是像前面的相控阵雷达技术，直接实实在在地做一个天线阵，而是通过一个小天线的运动，形成一个虚拟的天线阵，如图4.47所示。

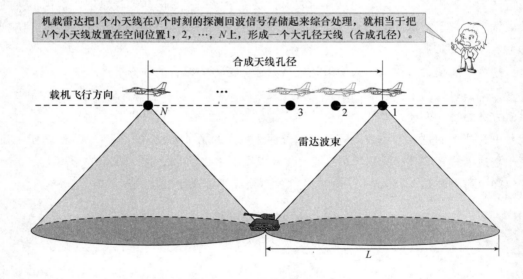

> 机载雷达把1个小天线在N个时刻的探测回波信号存储起来综合处理，就相当于把N个小天线放置在空间位置1，2，…，N上，形成一个大孔径天线（合成孔径）。

图4.47　合成孔径雷达天线孔径合成的原理

一个真实的小天线合成一个虚拟的大天线之后，雷达的角分辨力是如何改善的呢？图4.48可以给出有力的提示，也就是说，合成孔径雷达是通过将小天线在一个运动区间接收到的所有信号在内部进行信息融合处理，使得小天线"合成"大天线的效果，天线波束变窄了，自然角分辨力就提高了。

理论和实验都已证实，合成孔径天线的方位向分辨力恰好等于真实天线孔径的一半，并且与目标到雷达的距离无关。

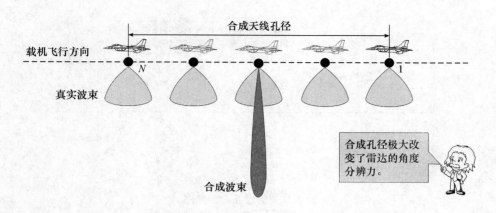

图 4.48　合成孔径雷达合成波束形成示意图

（2）从信号处理的角度

还记得脉冲压缩吗？脉冲压缩解决的矛盾和合成孔径是不是有些类似呢？发射宽脉冲，接收时处理成窄脉冲，于是既满足了发射功率的需求，又提高了雷达的距离分辨力。

合成孔径技术也是类似的，天线辐射的是宽波束，接收时通过"信息融合"处理成窄波束，于是既采用了面积较小的天线，又达到了大天线的效果。

具体来说，合成孔径雷达需要完成距离维度和方位维度的信号合成，类似"脉冲压缩"，如图 4.49 至图 4.52 所示。

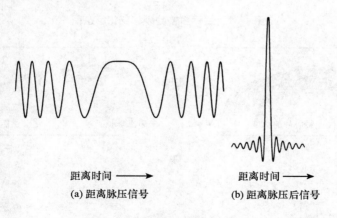

图 4.49　距离脉压信号示意图

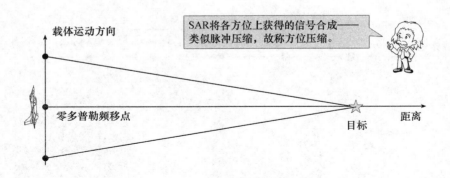

图 4.50　方位压缩示意图

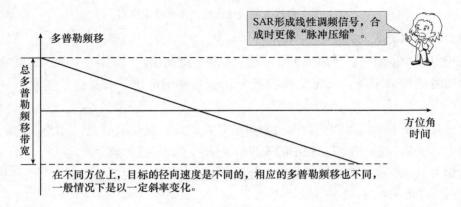

图 4.51　目标多普勒频移变化示意图

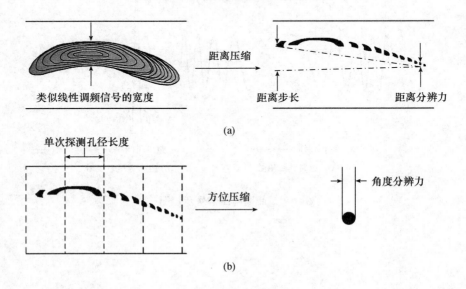

图 4.52　距离压缩和方位压缩对分辨力的影响

前面提出的两个问题，第一个问题可以从天线阵和信号处理两个角度来理解；第二个问题，合成孔径雷达为什么还能成像呢？

实际上，理解图像是什么，就可以理解这一技术的成像过程了，图像本质上是一种二维信号，合成孔径雷达在合成多个天线波束信号的过程中，形成的是二维信号，自然就以图像形式出现了。

成像处理还可对目标回波信号进行相位补偿，去掉因雷达平台运动导致的回波相位在距离和方位上的扩散，以实现回波信号的相参积累（图4.53）。

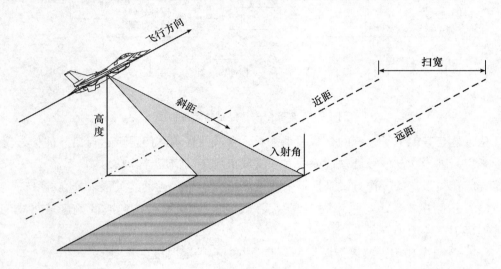

图4.53 SAR成像几何关系

4.5.3 设备需求

由于合成孔径雷达要在飞行过程中把各个位置上的接收信号合成起来处理，所以在信号的存储和处理以及飞行姿态、位置偏差的补偿上要采用非常复杂的技术。

从雷达基本组成的角度来看，发射机和接收机需要构成全相参系统以便信号合成；信号处理机需要增加很多处理模块以完成运动补偿、校正、信号合成、成像等功能；天线会因工作模式不同而做适应性调整；定时器和双工器基本不变。除此以外，可以考虑增加存储器、校准系统和单独的运动补偿模块（图4.54）。

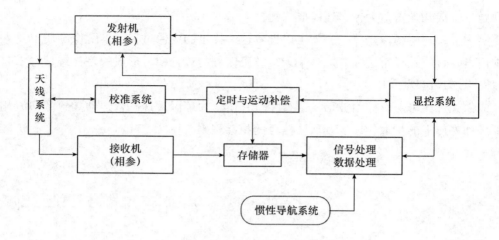

图 4.54　典型合成孔径雷达组成框图

从雷达与其他电子系统的交联关系来看，合成孔径雷达使得雷达与惯导的信号交联成为必需，因为在其信号处理过程中必须将载机的运动情况计算在内。

合成孔径雷达的工作方式是根据天线波束指向与平台运动的关系来分类的。

（1）正侧视式 SAR：采用固定侧视天线，照射载机平台一侧或两侧区域，波束指向常垂直于平台运动方向。

（2）斜侧视 SAR：波束指向与平台运动方向有一定夹角。

（3）聚束式 SAR：实际天线在方位上跟踪感兴趣的特定目标区域。在方位上偏开一角度，其横向分辨力不像侧视 SAR 受实际孔径尺寸限制，而由目标驻留时间决定。

（4）多普勒波束锐化（DBS）：将真实天线波束划分成若干个子波束。

下面展开介绍一下合成孔径雷达的信号处理系统。由于需要将 N 个回波接收之后合成处理，它的信号处理相对普通脉冲体制的雷达来说复杂得多。图 4.55 给出了一个合成孔径雷达信号处理系统的组成示例。

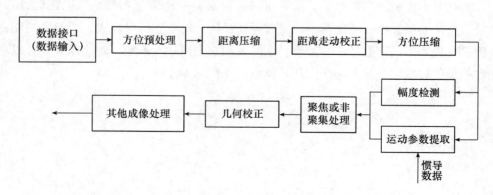

图 4.55　合成孔径雷达信号处理系统示例

其中，方位预处理、距离压缩、方位压缩可以参考第 4.5.2 小节从信号处理角度分析合成孔径的部分去理解；距离走动校正，即根据载机的运动对各回波的距离参数进行校正；幅度检测和运动参数提取指对信号的幅度、速度、加速度等参数进行测量；在处理的过程中，还涉及聚焦或非聚焦处理，非聚焦方式不考虑电磁波在每个扫描区域的波程和强度是有差别的，而聚焦方式则考虑电磁波是以球面波的方式传播的，需要对天线波束倾斜"照射"的区域进行处理之后才进行积累（图4.56）；几何校正是改正或消除雷达成像过程中地物的几何变形（图4.57）；其他成像处理，即根据系统的图像处理需求增加一些图像处理的算法以使图像更容易判读。

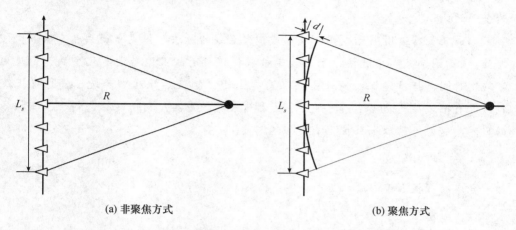

(a) 非聚焦方式　　　　　　　　　　　　　(b) 聚焦方式

图4.56　非聚焦方式和聚焦方式"成像位置"示意图

注：聚焦方式需对原始"成像"位置进行校正。

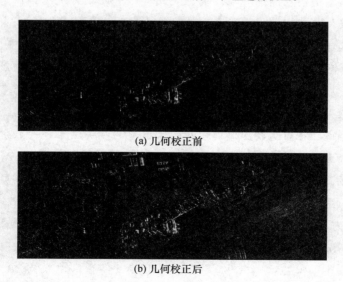

(a) 几何校正前

(b) 几何校正后

图4.57　SAR成像几何校正示例

常用的成像算法有经典的距离-多普勒（R-D）算法、CS（Chirp-Scaling）算法、极坐标格式算法、波数域算法等。成像算法的选择主要考虑分辨率、成像区域大小、斜视角和算法的实时性要求，取决于系统能承受的运算量。系统分辨率越小，成像区域和斜视角越大，对成像补偿的精度要求越高，算法越复杂，运算量越大。成像算法的选取需要在成像质量和实时性之间折中。

◎ **类比**

　　合成孔径技术与前面介绍的脉冲积累有些类似，即雷达不是每接收一次回波就做判断，而是将雷达随着载机的运动连续接收到的 N 个回波"合成"之后再做处理。这与前面故事中的智慧老人很像，肯于动脑动手，从而可以对一个事物形成更为全面的认识。

　　合成孔径雷达用小天线"合成"虚拟大天线的做法与张飞布疑兵也有很多类似之处。《三国演义》中曾讲，张飞败走被曹操追赶时，身边本没有几个兵，但是为了拖延时间，抵挡追兵，他让士兵在马尾上绑上树枝后于林中奔跑，搞得尘土飞扬，像有很多兵马的样子，使得几个兵看起来像很多兵，利用疑兵达到了以少挡多的目的。这也与"以勤补拙"有类似的道理。

◎ **归纳**

　　合成孔径技术可以概括为八个字：回波合成，雷达成像。

◎ **演绎**

　　合成孔径技术最先在机载雷达领域发展起来，这说明资源越是受限，越容易出奇制胜。机载雷达的天线面积较地基、舰载雷达来说更为受限，但却正因为受限最严重，反而促使机载雷达发展出合成孔径技术，用小天线虚拟合成大天线。这与大英帝国的崛起非常类似，历史上大英帝国在大航海时期并不及西班牙等国家强盛，但却正因为落后，促使国王借用民间力量发展航海事业，间接促进了社会的融合和资本主义的发展。西班牙反而因为国王自己拥有无敌舰队、独享掠夺财富而一步步走向衰败。感兴趣的读者可以去看看这段历史。

　　此外，合成孔径雷达将图像处理和机器视觉的相关技术也兼收并蓄，使得雷达技术的综合性更强。

　　关于合成孔径技术，读者还可进一步参考以下文献获得更深层、更细节化的知识：

　　《合成孔径雷达——系统与信号处理》一书中对匹配滤波器和脉冲压缩、成像和正交算法、SAR 飞行系统、SAR 数据辐射定标、SAR 数据几何定标、SAR 地面系统等有具体描述；《雷达目标识别导论》一书涉及高分辨率距离像、高横向距离分辨率技术（多普勒波束锐化——早期 SAR）、时频分析（直升机识别和喷气引擎识别）、雷达目标识别应用、雷达目标识别过程、雷达及其他来源数据融合；《防空雷达目标识别技术》一书涵盖雷达目标识别基础理论、飞机目标电磁散射机理分析和特性建模、识别特征分析与提取方法、系统设计等，提出了关于窄带宽带技术相结合、有源无源技术相结合、信息融合的一些新方法。

4.6　抗干扰技术

如图 4.58 所示，雷达抗干扰技术的产生，正印证了"因"字的一解："能大者，众围就之也。"

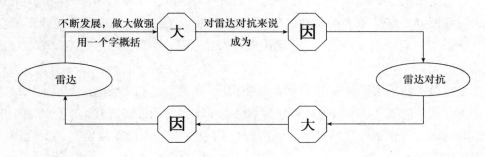

图 4.58　"因"字的一解

也就是说，雷达不断做大，成了对雷达实施侦察、干扰、摧毁、隐身等的"因"，同时也是雷达抗干扰技术产生和发展的"因"。这一在矛盾中发展的规律不仅仅适用于雷达，万事万物都有其自身的局限和外界的制约，所以"大"了之后就会受到一定的限制，外面加个框框。图 4.59 展示了本节将要介绍的雷达抗干扰技术的相关知识。

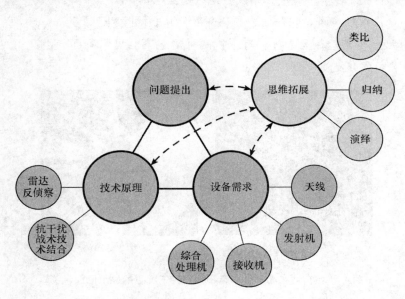

图 4.59　4.6 节的思维导图

4.6.1 问题提出

本节先从几个故事说起。

4.6.1.1 "千里眼雷达受骗记"

第二次世界大战中，英美联军为了实现诺曼底登陆，同时迷惑德军使之误以为登陆地点在加莱地区，主要采取了三项措施：

一是用电子设备查明德军设在法国海岸的所有雷达的工作特点和部署情况，并用炸弹和火箭弹摧毁了80%以上的雷达，然后对残存的雷达进行电子干扰，使德军的"千里眼"变成了"近视眼"或致盲，从而使德军无法通过雷达观测到英美联军在登陆前的集结等情况；

二是摧毁了德军的所有电子干扰站，并保证英美的雷达和无线电台不被干扰；

三是在战争前夜，在加莱地区释放强烈的电子干扰，用许多装有角反射器的小船拖着涂铝的气球（像铝箔一样反射雷达辐射波）向前移动，让德军从雷达的荧光屏上看来像无数的军舰。

与此同时，英美联军还在小船上空用飞机空投了大量铝箔片，使德军从雷达荧光屏上看来像大群的护航飞机，导致德军误判战局，兵败如山倒。

另外，还有一小批飞机装有"电子干扰机"和铝箔条，释放电子干扰，时间长达三四个小时之久，使得德军误以为英美联军真的要在加莱登陆。于是本来就有重兵防守的加莱，又加强了许多军事力量，诺曼底地区更为空虚，英美乘虚而入。

1944年6月6日，诺曼底登陆战顺利开展，并取得胜利。

图4.60展示了雷达在无干扰和有干扰两种情况下的显示画面。由此可见，发展雷达抗干扰技术多么重要。

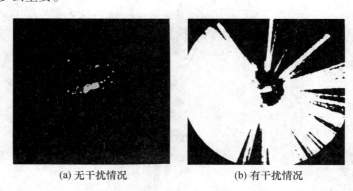

(a) 无干扰情况　　　　　　(b) 有干扰情况

图4.60　雷达在无干扰和有干扰两种情况下的显示画面示例

4.6.1.2 "沙漠风暴中的白雪行动"

1991 年 1 月 17 日凌晨，一架美国 F - 117A 隐形轰炸机悄然出现在伊拉克首都巴格达上空，接着，一枚 900 kg 的激光制导炸弹便从这架轰炸机上投了下来，火光一闪，一声惊雷般的巨响滚过巴格达上空，代号为"沙漠风暴"的海湾战争就这样开始了。

海湾战争爆发后，美军调集多达 1 500 余名电子战专家，利用侦察卫星、间谍飞机、间谍潜艇和众多地面无线电侦察站所侦收到的伊拉克的各种电子情报信息，精心制定了"白雪行动"电子战计划，对伊拉克境内所有雷达和无线电通信开展全面的干扰压制，使伊毫无反抗之力。

"白雪行动"之初，下的是"毛毛雪"，目的是迷盲伊拉克的雷达侦察和通信系统，使之不了解真实情况。美国海军出动了几架 EA - 6B 电子干扰飞机，对伊拉克的各种无线电通信和制导雷达的信号进行干扰；空军派出若干 EA - 11A 电子干扰机，对伊拉克的空军通信网和地面雷达施放电子干扰波。

几个小时之后，"雪"开始加大，这时，美国派出的 30 架电子战飞机同时升空，对伊拉克进行远近距离的电子干扰。与此同时，美国设在沙特阿拉伯的高功率电子干扰机，也向伊拉克方向发出强大的无线电干扰波束。伊拉克的雷达上总是"雪花飞舞"，白茫茫一片，就像在雪地上仰望天空，一片灰蒙蒙，什么也看不见。

后来，"毛毛雪"又变成"中雪"，美派出数十架飞机，使用高频、超高频和甚高频等频段的干扰机，对准伊拉克的通信系统、雷达系统和各种制导系统，实行长时间的干扰和压制，使其通信、指挥、控制也陷入混乱之中。

接着，真正的"暴风雪"来临了，美军的 5 架 E - 3A、E - 8A、E - 2C 预警指挥机，与十余架 F - 4C、EA - 6B、EF - 111A 等专用电子战飞机组成的电子战机群从位于波斯湾的航空母舰上起飞，随后，强大的远程轰炸机编队也随着升空，紧随着电子干扰机群飞向巴格达。很快，伊拉克的无线电通信彻底失灵，雷达致盲，指挥机关处于一片混乱之中。

正当伊军不知所措之时，以美国为首的多国部队派出的 1 000 多架战机直抵伊拉克腹地，顺利对伊拉克的军事指挥中心、战略要地等进行"地毯式"轰炸。

4.6.1.3 "小箔条魔力不凡"

用小小的香烟防潮包装锡箔纸制成的箔条，有时也能成为"千里眼"雷达的克星。这是因为，小小的箔条也能反射电磁波，大量使用时，可使雷达屏幕上形成密密麻麻的亮点，就像武林人士释放的烟雾弹一样，使雷达看不清真正的目标。

英军在第二次世界大战中曾在德汉堡地区释放了 20 万吨箔条片，使德国空军雷达致盲，射击效果降低 75%，击落一架飞机的炮弹量从初期的 800 发增加到 3 000 发。英国空军飞机成功投下2 300 t炸弹，将汉堡港口和市中心摧毁。

第二次世界大战末期，美军在不来梅登陆作战中，为致盲德国的雷达，在轰炸机上空投了数以万计的金属箔条。德国的雷达起初还能发现一些敌机，后来显示器上突然出现了无数乱七八糟的波形，再也分辨不出飞机的回波。

1973 年的中东战争，美军曾支援以色列 5 万吨金属箔条，使得敌军雷达眼花缭乱，起了很大的助力。

从上述故事中可以看到，早在第二次世界大战时期，各交战国就开始对雷达实施侦察和干扰。在现代战争中，更是以对敌方的雷达、通信等的电子侦察、电子摧毁为先导。

我们可以从很多角度观察并分析对雷达的干扰，下面列举三个角度（图 4.61）。

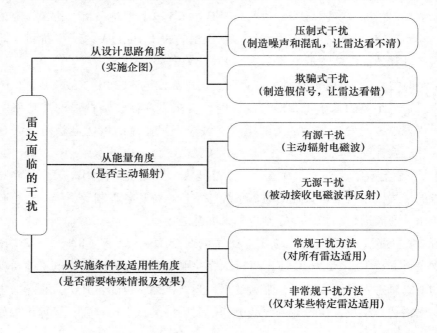

图 4.61 雷达面临的干扰从不同角度的分类

首先，从设计思路角度观察，"千里眼雷达受骗记"中，既有压制式干扰（在战争前夜，加莱地区释放的干扰），又有欺骗干扰（装有角反射器的小船拖着涂铝的气球和金属箔条释放的干扰）；"沙漠风暴中的白雪行动"中多国部队使用的主要是压制式干扰；"小箔条魔力不凡"中利用箔条施放的是欺骗干扰。

其次，从能量角度分析，"千里眼雷达受骗记"中，既有有源干扰（在战争前夜，加莱地区释放的干扰），又有无源干扰（装有角反射器的小船拖着涂铝的气球和金属箔条释放的干扰）；"沙漠风暴中的白雪行动"中多国部队使用的主要是有源干扰；"小箔条魔力不凡"中利用箔条施放的是无源干扰。无源干扰物还包括金属诱饵、角反射器、龙伯透镜反射器、Ecco 反射器等。图 4.62 展示了雷达干扰从能量角度的具体分类。

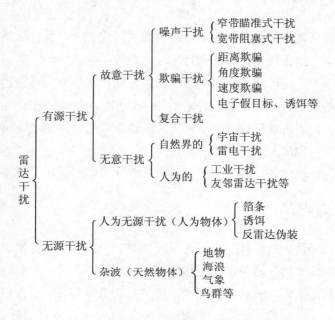

图 4.62　雷达干扰从能量角度的具体分类

最后，从实施条件及适用性角度分析，常规干扰技术意指在雷达对抗中经常使用的具有一定普适性的干扰方法，其主要干扰机理是降低被干扰雷达接收信号的信噪比。这类干扰技术上主要包括阻塞噪声、瞄准式干扰、射频存储转发干扰、无源干扰等，从战术上可以通过飞机运动欺骗等方法实现。非常规干扰方法是指那些针对某些特定的雷达或采用了某种特定技术的雷达采用的干扰方法。通常情况下，实施非常规干扰方法需要预先侦收被干扰雷达的某些特定信息，使得己方干扰机能逼真复现敌雷达信号，并能对信号进行有效控制以产生虚假现象，然后有意假造雷达的目标回波，使敌方雷达产生假目标的数据。这些干扰方法一般对于跟踪雷达更有效，在信息战条件下应用普遍。这类技术主要包括距离欺骗、角度欺骗、速度欺骗、自动增益控制欺骗等。

除了前面总结的观察角度及对干扰的分类方法之外，近年来还有人提出了一些组合或翻新的干扰样式，使干扰更加综合化。

（1）灵巧噪声干扰

现代干扰技术使用将假目标脉冲信号和随机噪声组合的干扰波形，这样既可利用欺骗干扰的特性使得干扰信号能够顺利进入敌方雷达，消除它对普通噪声干扰的处理增益，又比纯欺骗性干扰具有更好的干扰效果，同时可以利用这种干扰波形对付雷达采用的副瓣匿隐和副瓣对消技术。有人把这种兼有噪声干扰和欺骗干扰技术特点的折中技术称为"灵巧噪声"干扰。同样，抗干扰技术也可以从已有的技术中派生组合发展起来。

（2）SMSP（Smeared Spectrum）干扰与 C&I（Chopping and Interleaving）干扰

近年来，Sparrow 等发明了 SMSP 干扰与 C&I 干扰，是专门用于对抗脉冲压缩雷达的新式假目标干扰。该类干扰具有在雷达接收端同时产生大量假目标的能力，迷惑雷达操作员及雷达系统，给雷达正常探测真目标带来严重困难。

从前面的故事中，还可以看到对雷达的摧毁，现代战争中针对雷达设计的反辐射导弹可以追踪雷达的发射信号，"顺藤摸瓜"式地找到雷达并摧毁。此外，现在已产生了多种电子脉冲炸弹，通过辐射强脉冲信号进入雷达接收机，进而烧毁接收机中的某些电子芯片的方法使雷达无法工作。

除了上述人为干扰之外，隐身飞机也对雷达的探测能力提出了挑战。

4.6.2　技术原理

对于一部雷达来讲，抗干扰的前提就是反侦察，一方面是雷达使用前的全面保密计划，即防御敌方间谍、窃听、卫星、遥感等多种侦察手段；另一方面就是雷达使用时的技术反侦察，即雷达采用低截获概率技术，使得雷达信号不易被敌方电子侦察设备所捕获和分析。

反侦察的重要性不言而喻，可以推断，一旦己方雷达信息被敌方获取，哪怕只是一小部分，都会使得敌方更容易对雷达实施干扰、摧毁等各种手段。

从数学视角可以计算出，对于距雷达 400 km 的目标，电磁波往返一次的时间只有 2.67 ms，而雷达侦察设备的反应时间一般为 700 ms（传输时间不计），可见如果没有事先情报，雷达开机工作至少有几百毫秒（小于 700）的安全工作时间。

但是从电子侦察与雷达探测的区别上来讲，对雷达实施电子侦察有距离上的优势。双方电子装备实力相当的情况下，对雷达电子侦察的距离一般是雷达探测距离的 2~5 倍。

第 1.3.3 小节介绍的贝卡谷地之战和下面的小故事进一步说明反侦察的重要性，古今中外无数的战例都说明了这一点。正如孙子兵法所言"兵者，诡道也""知己知彼，百战不殆"。"反侦察"就是尽量"知己知彼而又不被彼所知"。

第四次中东战争中，埃军曾利用军演将坦克和渡河器材偷运到河边隐藏起来，并且加强情报和通信管理，关闭雷达、使用有线通信，使以军无线侦察抓不到蛛丝马迹。

其次，雷达抗干扰的关键也包括两个方面：一方面是通过技术手段提高雷达性能，使其能在复杂的电磁环境中"看到"目标；另一方面就是通过战略战术弥补技术上的不足，或者使雷达发挥出更大的威力。

雷达通过技术手段提高性能的做法在下一小节中进行概述，第 1.3.6 小节介绍的"雷达智斗'百舌鸟'"说明技术和战术的作用，也说明了雷达抗干扰的动态变化。正如孙子兵法所言"以正和""以奇胜"。

可以看出，没有一种雷达干扰技术或抗干扰技术是无懈可击的，这个动态过程中，既有技术、又有战术（飞机的机动飞行也可以看作一种战术），战技术适当结合才能发挥出雷达抗干扰的威力。而且，这个过程是与时俱进的，技术的进步可以打乱对方的战术，战术的恰当运用也可能以弱胜强。技术加上相适应的战略战术才能发挥出设备的最大效能。

4.6.3 设备需求

雷达抗干扰本质上是利用干扰信号与有用信号（如目标回波）的特征差异，抑制干扰而保留或增强有用信号。干扰信号与有用信号的特征差异可能在时域、频域、空域和极化域的任一个域中出现，相应地也存在着不同域的抗干扰方法。

4.6.3.1 天线

天线像雷达的"眼睛"，主要抗干扰的方式是空间上对准目标，有类似人眼的"选择性注意"机制。具体措施有三种：第一种是使自己的方向性更为明确，如低副瓣、副瓣消隐/相消——这一技术一般需要采用阵列天线，将天线分成若干子阵，并从硬件材料到软件算法都精心设计，使得天线比较专一地对准目标区域，而且自适应地滤除一些主瓣以外进来的干扰（图4.63）；第二种是增加过滤机制，如极化选择/对消、极化栅网或极化发射面等等——这一般需要在天线表面涂覆一些特殊的微波材料或增加变极化机制；第三种是主动防御，如副瓣假目标发射——这需要雷达额外产生与自身工作频率不同的信号，通过副瓣位置的天线辐射出去，使得敌人的干扰机可能误判工作频率而达不到干扰效果。

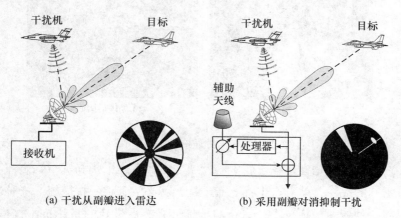

(a) 干扰从副瓣进入雷达 (b) 采用副瓣对消抑制干扰

图4.63 副瓣对消抗干扰示例

4.6.3.2 发射机

主要抗干扰方式是使自身强大而灵活，具体措施有两种：一种是使自己的功率更大，如直接增加发射功率、烧穿、脉冲压缩等；另一种是使自身信号灵活多变，如频率分集/捷变、自动凹口寻找、双脉冲、双频率、脉冲重复频率参差、波形编码、各种低截获概率技术、辐射控制等。上述措施中，除辐射控制可以通过操作员的操作来辅助之外，其余都需要在发射机内部增加一些信号产生、功率放大或波形合成功能的器件。

4.6.3.3 接收机

主要目标是增强选择性，尽量选择与发射信号一致的信号接收，具体措施有三种：一种是脉冲积累，有些雷达也在信号处理中实现这部分功能；一种是抗干扰电路，如宽限窄电路、抗异步脉冲干扰电路、主瓣噪声对消、自动增益控制等；一种是通过门限控制，如双门限和序贯检测。

4.6.3.4 信号处理机

主要目标是增加雷达的分辨能力，具体措施主要围绕增加对信号幅度、频率的测量和分析来展开，如自动杂波选通、动目标显示、最大加速度分析、距离/速度/角速度记忆、脉内频率相关、滑行、保护波门等。图4.64展示了信号处理抗干扰的效果。

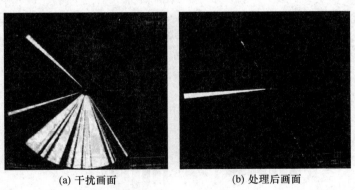

(a) 干扰画面　　　　　　　　　(b) 处理后画面

图4.64　信号处理抗干扰效果示例

总之，雷达抗干扰是雷达在矛盾中的发展之道，雷达干扰和抗干扰是一个矛盾的两个方面。有雷达的存在，就会有干扰；有干扰，就必然有抗干扰措施。一种新雷达技术的应用会引起一种新的干扰技术；而新的干扰又必然促进新的雷达抗干扰措施的产生。这样循环不止，促使雷达干扰和抗干扰技术不断向前发展。雷达抗干扰没有完美，只有尽力不留漏洞。

◎类比

　　和雷达探测面临各种自然存在的或人为产生的杂波、干扰一样，我们每个人的成长过程中也不可避免地面临外界的各种干扰：自然的或人为的噪音、海量的多样的信息、更多的选择和诱惑、五花八门的骗术……与雷达一样，我们也面临抗干扰的问题，而且与雷达抗干扰也有类似之处：前提是"反侦察"，正如论语中所云"人不知而不愠，不亦君子乎""不患人之不己知，患不知人也""修身之道，有自知之明，亦有知人之慧也"。接下来需要做的是不断提高自身素质，提高认知能力，既能深入自己的内心了解自己，又能不断扩展自己对外界的知识范围，使自己更好地认清自己的目标，从而心想事成。最后是在处世中活学活用，随机应变，讲究策略，进一步减弱干扰的影响。

◎归纳

　　雷达抗干扰是雷达不断发展过程中必然要面临的难题，雷达抗干扰的前提是反侦察；其次是提高自身性能，不断优化技战术结合方法并寻找时机恰当运用；雷达的各组成部分都可加强抗干扰功能，这同样是一个整体优化的过程。

◎演绎

　　雷达在使用过程中有时是"矛"——探测以用于攻击，有时是"盾"——探测以用于防御，因此反抗雷达使用的电子侦察、电子攻击、电子干扰等也是时"矛"时"盾"。这两方面的发展、变化在矛盾中展开，在矛盾中演化，既给雷达增加了难题，也赋予了雷达更强大的生命力，正所谓"生于忧患，死于安乐"。雷达抗干扰相对于雷达其他相关课题来说是综合性更强的课题，尤其促进了雷达之间的联合——雷达组网，使得雷达开始被"排兵布阵"，演绎出无穷的变化和进步。

4.7　特殊用途雷达

　　有一则经典的犹太智慧故事：

　　一个犹太人走进纽约的一家银行，来到贷款部，只贷款一美元，却从豪华的皮包里取出价值50万美元的股票、国债等做抵押。于是他只需付出6%的年息寄存这些股票，省下了昂贵的银行寄存费用。

　　把贷款和寄存贵重物品这两样看似不搭边的事情结合起来，是否是另辟蹊径呢？同样找到让证券等锁进银行保险箱的办法，从可靠、保险的角度来看，两者确实没有多大区别，除了收费不同。

　　请再看看马云的创业故事：

马云参加过三次高考，才勉强考上杭州师范学院，落榜期间，先后当过秘书、做过搬运工，后来给杂志社蹬三轮送书。1988年，24岁的马云大学毕业后进入杭州电子科技大学当英语老师。1988—1995年在杭州电子科技大学任教期间，业余时间他在杭州一家夜校兼职教英语，同时帮助别人做英语翻译。1994年，马云开始创业，创立杭州第一家专业翻译社——海博翻译社。1995年，"杭州英语最棒"的马云受浙江省交通厅委托到美国催讨一笔债务。结果是钱没要到，却发现了一个"宝库"——互联网。刚刚学会上网，他竟然想到了为他的翻译社做网上广告，上午10点他把广告发送上网，中午12点前就收到了6个E-mail，分别来自美国、德国和日本，说这是他们看到的有关中国的第一个网页。马云当时就意识到互联网是一座金矿。开始设想回国建立一个公司，专门做互联网。马云萌生了这样一个想法：把国内的企业资料收集起来放到网上向全世界发布。他立即决定和西雅图的朋友合作，开发一个全球首创的B2B电子商务模式。回国当晚，马云约了24个做外贸的朋友寻求合作，结果23人反对，只有一个人说可以试试。马云想了一个晚上，第二天早上还是决定干，哪怕24人都反对，他也要干。1995年4月，31岁的马云投入7 000元，又联合妹妹、妹夫、父母等亲戚凑了2万元，创建了海博网络，海博网络从此成为中国最早的互联网公司之一。业务就这样艰难地开展起来后，1996年营业额不可思议地做到了700万！也就是这一年，互联网渐渐普及了。后来马云又创建了自己的阿里巴巴帝国。

可以说，马云用自己的眼光和毅力，通过将互联网和商务结合在一起，抓住机遇，取得了巨大的成功。

雷达从诞生之日起，就是一门兼收并蓄的交叉学科，其发展也不离此道。在与新技术结合的过程中，雷达也不断换发着勃勃生机。本节将介绍不同领域的特殊用途雷达（图4.65）。

图4.65　4.7节知识点的思维导图

4.7.1　雷达与飞机的结合——机载雷达

俗话说"站得高，看得远"，这一点对于雷达来说也不例外。举例来说，对于一部在地面架高 0 m 的雷达来说，即便它的性能非常优越，在仅考虑地球曲率影响的情况下，对于飞行高度为 100 m 的飞机目标，它的最大探测距离也只有 50 km 左右（图 4.66），具体计算可参考雷达作用距离与其天线架高关系的估算公式）。

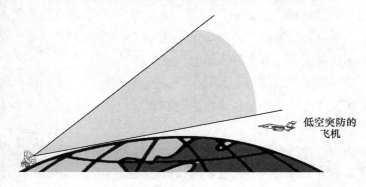

图 4.66　地球曲率的影响

第一部机载雷达是由英国科学家爱德华·鲍恩领导的研究小组于 1937 年研制成功的。鲍恩等人从 1935 年开始研制机载雷达。在 1937 年研制出一部小型雷达，并把它安装在一架双发动机的飞机上，随后对该机载雷达进行了多次试验，证明它可探测到 16 km 以外的水面舰艇。第二次世界大战时期，美国为了对付日本低空突防的飞机、在海上设置的鱼雷等军事威胁，尝试把当时比较先进的 AN/APS - 20 型雷达搬上了飞机，成为预警机的雏形，同时开创了雷达空中作战的新时代。

雷达升空后，有很多优势，首先是高空——"站得高，看得远"，可以部分摆脱地球曲率的影响；其次是机动——可以随飞机运动，机动性大大增强；然后是前两大优势的结合，使得雷达的预警能力大大提高。

机载预警雷达克服了地球曲率对观测视距的限制，扩大了低空和超低空探测距离，可以发现更远的敌机和导弹，为防空系统提供更多的预警时间。机载预警雷达在空中目标探测与跟踪、海面目标探测与识别、战场侦察与监视、武器精确制导与控制等方面正发挥着不可替代的作用。预警机因此成为空基预警探测体系的信息枢纽和指挥中心，它集预警探测、情报融合、情报分发和指挥控制等多种功能于一体，负责大范围搜索空中、海上及地面目标、跟踪与识别，并指挥和引导己方飞机、舰船以及岸基火控系统作战。在历次局部战争，特别是海湾战争、科索沃战争以及利比亚战争中预警机均发挥了重要作用，已成为现代战争不可缺少的重要装备。

除了机载预警雷达之外，雷达与飞机的结合还催生了机载火控雷达、机载截击雷达、机载护尾雷达、机载气象雷达等。机载雷达成为装在飞机上的各种雷达的总称，其基本原理和组成与其他军用雷达相同：一般都有天线平台稳定系统或数据稳定装置；通常采用 3 cm 以下的波段；体积小，重量轻；具有良好的防震性能。

4.7.2　雷达与激光技术的结合——激光雷达

激光雷达与微波雷达的功能基本一致，不同的是，激光雷达通过望远镜向目标发射一定形式的光信号，经目标反射之后，目标回波信号被接收望远镜汇聚到光电探测器上，根据回波信号的时延、强度、频率变化及光斑在探测器光敏面上的位置来确定目标的距离、方位、速度和图像，并在显示器上显示出来。

激光雷达的基本组成与微波雷达大同小异，它的发射机变为激光器，接收机变为光电探测器，天线演变为光学系统（负责反射光和接收光），天线伺服系统相应配置为光学扫描器。

激光雷达的应用：导弹靶场试验、飞行器空间交会测量、目标精密跟踪和瞄准、目标成像识别、武器精确制导、火力控制、武装直升机防撞告警、水下目标探测、舰载机着舰引导。

激光雷达不需要采用合成孔径技术也可达到很高的分辨率，还可获取目标的二维和三维像。

4.7.3　雷达与通信技术的结合——MIMO 雷达

为探测低空弱目标（如低空突防的隐身巡航导弹或隐身飞机），现有的雷达系统多采用大功率、大天线或高峰值发射功率，随之带来新的问题：己方雷达信号容易被截获、被干扰、被摧毁；雷达既需要对抗强杂波，又需要不失真地接收弱目标信号，这要求接收机的动态范围非常大，在现有技术下实现很困难。此外，为使雷达在强杂波条件下能具有良好的动目标显示和动目标检测性能，要求雷达系统具有较高的频率稳定度和较小的系统杂散；雷达还需要具有更快的搜索速率、更高的多普勒分辨率和角分辨力、多功能，这些问题都使雷达系统的设计变得非常复杂。

MIMO 技术能使雷达系统通过独特的"时间－能量"管理技术实现多个独立宽波束同时照射，是近年来雷达领域提出的一种全新的雷达体制。MIMO 雷达的概念是由 Fishie 于 2004 年首次提出，他将 MIMO 通信的空间分集观点引入雷达中。

MIMO 雷达采用多个发射天线，同时发射相互正交的信号，然后多个接收天线接收目标回波信号并对回波进行处理，提取目标的空间位置和运动状态等信息（图 4.67）。

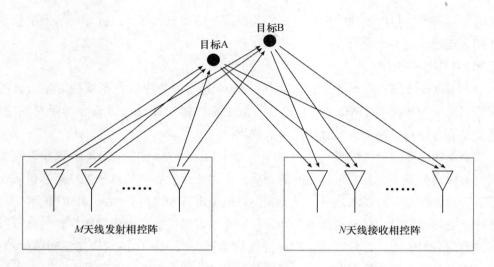

图 4.67　MIMO 雷达对目标发射接收探测波束示意图

基于多阵元天线结构，M 发 N 收的 MIMO 雷达同时发射相互正交的信号，这些多波形信号经由目标散射被 N 个接收单元接收，由于正交关系，多个发射信号在空间能够保持各自的独立性，这样从发射阵列到接收阵列在空间中能够同时存在 $M \times N$ 个通道，每个通道对应一条特定的发射阵元到目标、目标到特定接收阵元的路径组合。通道的时延与目标和收发阵元的位置有关，接收端的每个接收阵元都使用 M 个匹配滤波器分别对 M 个发射波形匹配滤波，通过正交性分选可以得到 $M \times N$ 个通道回波数据。

MIMO 雷达与传统雷达的区别：

（1）传统的阵列雷达系统发射和接收的阵元信号间高度相关，能同时形成多波束扫描多个空域，但性能受到目标起伏的限制，目标在距离和方位上的任何微小变化都能导致目标反射能量大幅增加或减小，可能导致无法检测目标。MIMO 雷达利用目标散射的空间分集引起的回波信号的去相关特性，使回波平均接收能量近于恒定，改善了目标 RCS 起伏，提高了检测性能和目标的空间分辨力。更具体地说，MIMO 雷达将发射机和接收机传感器分开，发射机传感器阵列各天线间距非常大，以至于对空间目标形成角展宽（空间分集）；接收机传感器阵列各个天线距离密，每个接收天线对之间形成一个 MIMO 子通道，不同的发射接收通道之间信号不相关，回波的平均接收能量近似不变，即目标 RCS 基本不变。

（2）MIMO 雷达可以全向发射相互正交的信号，使得多发射波束在空间无法合成，这样发射波束的主瓣增益降低为原来的 $1/M$，同时每个子阵发射功率为原发射总功率的 $1/M$，在同样距离上的功率密度仅为原来的 $1/M$，雷达信号的抗截获性明显提高。

（3）接收端的每个阵元接收所有发射信号并通过匹配滤波器组分选得到多路回波，从而引入了远多于实际物理阵元数目的观测通道和自由度，与传统的单、多基地或相控阵雷达相比，极大地提高了雷达的总体性能。空间并存的多观测通道使得 MIMO 雷达能够实时采集携带有目标不同幅度、时延或相位信息的回波数据，这种并行多通道获取信息的能力正是其根本优势所在。

MIMO 雷达的应用：

（1）MIMO 阵列对空成像雷达（MIMO – ISAR）。可解决实孔径阵列对空成像的阵列规模与造价的问题和 ISAR（逆合成孔径雷达）的实时性以及运动补偿困难的问题，得到空中非合作高速目标的单脉冲高分辨成像。

（2）MIMO 阵列对地成像雷达（MIMO – SAR）。可解决传统 SAR 中脉冲重复频率在满足方位高分辨与大测绘带宽之间的矛盾，大测绘带宽要求低脉冲重复频率以防止距离模糊，而方位高分辨要求高脉冲重复频率以避免多普勒模糊，加入 MIMO 能够实现以低脉冲重复频率同时满足大测绘带宽和方位向无多普勒模糊。由于 MIMO 雷达具有并行多通道空间采样能力，这种雷达一次脉冲发射就能得到 $M \times N$ 路方位向空间采样数据，如果这 $M \times N$ 个各通道数据在方位向是均匀不重叠分布的，雷达的脉冲重复频率可降为原 SAR 系统的 $1/(M \times N)$。

（3）MIMO 阵列的三维成像。目前三维 SAR 可通过二维 SAR 加上干涉法测高来完成，而利用较少天线数目的 MIMO 面阵加上 SAR 来进行三维成像将是一个非常有吸引力的研究方向。

（4）分布式 MIMO 雷达。分布式 MIMO 雷达中，多个发射天线空间分布很广，多个发射信号从不同角度照射目标，虽然目标的 RCS 起伏会使目标对单个发射波形产生的回波表现出剧烈起伏，但经过接收端对多个目标回波的综合处理后，目标回波的信噪比会近似稳定，从而有效克服目标闪烁引起雷达监测性能下降的问题。

通信领域有很多技术可供雷达采用。例如，扩频通信系统具有抗干扰能力强、被截获概率低、码分多址、信号隐蔽、保密性强、测距和易于组网等许多优点，目前已广泛应用于通信、导航、雷达、定位、测距、跟踪、遥控、航天、电子对抗、测试系统等领域，与雷达技术的进一步结合也是值得深入研究的课题。

4.7.4 雷达与智能信息处理技术的结合——认知雷达

现实环境中，有很多对雷达性能有害的影响因素，如非同态杂波、密集目标背景、大的离散体、大的人造建筑、电子对抗等；雷达布局也会引起非平稳杂波，如双基雷达、非线性阵列等，这些雷达之间的干扰有时也会造成雷达探测性能的下降。

如何让雷达自适应于复杂的探测环境呢？雷达专家们提出了认知雷达的设计思想。

认知雷达是一种先进的雷达系统设计思想，它包含了优化发射/接收工作模式、自适应多维发射系统设计、知识辅助处理、与 MIMO 技术结合（最优多输入多输出，自适应多输入多输出）等（图 4.68）。

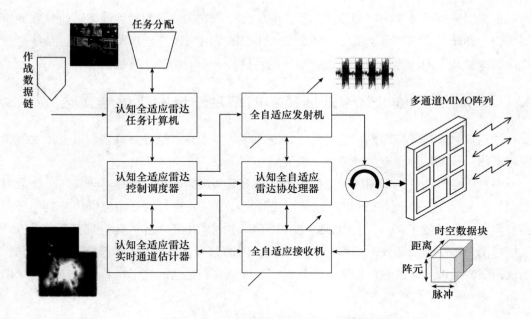

图4.68 认知雷达系统设计方案示例

认知雷达可以通过先验知识以及对环境的"学习"来感知环境,在此基础上,实时调整发射机和接收机适应环境的变化,以有效达到预定目标。

认知雷达的概念主要包括三个基本要素:(1)智能信息处理。它的主要任务是通过与环境不断交互的过程中采用智能信息处理的一些方法进行机器学习,加上知识辅助处理来获得并提高雷达对环境的认知。(2)接收机到发射机的信息反馈。接收机截获雷达信号,经智能信息处理得到目标信息,然后将其反馈给发射机,使得发射机能够自适应调整发射信号,提高整机性能。(3)雷达回波数据的存储。通过更多雷达回波的积累效果,以提高雷达认知环境的精确程度。图4.69展示了认知雷达三要素之间的交互关系。

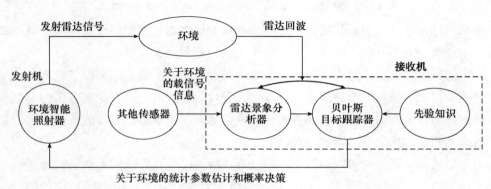

图4.69 认知雷达三要素之间的交互关系

上述三个基本要素中，知识辅助雷达的信号处理方式可追溯到美国空军研究实验室的工作，开始于 CFAR 专家系统和随后基于知识的空时自适应处理。通常通过某些基于规则的推理和自适应算法结构的组合来实现。核心是一个动态环境数据库。

4.7.5　雷达与随机信号处理技术的结合——随机信号雷达

随机信号雷达又称噪声雷达，是一种以噪声波形为探测信号的雷达，可直接发射微波噪声信号或被低频噪声信号调制的载波信号。

随机信号雷达一般采用随机或伪随机信号对载频调频调相，能提供兼具高电磁兼容性（EMC）和低截获概率（LPI）的最佳波形。目前研究较多的是相位编码随机信号雷达，所用信号是随机码或伪随机码。随机码调制的随机信号雷达具有理想的"图钉"形模糊图，不存在周期性的距离和速度模糊，因而具有优良的测距和测速性能。同时，随机码调制的波形合成自由度大，隐蔽性好，因而具有很强的抗干扰和低截获性能（图 4.70）。

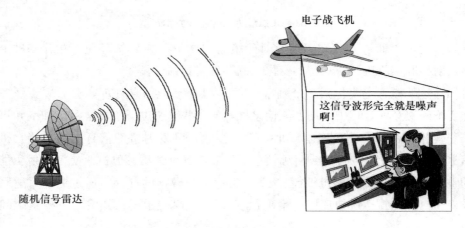

图 4.70　随机信号雷达的发射信号在反电子侦察中的优势

随机信号雷达基本组成包括噪声源、线性功率放大器、发射天线、接收天线、线性高放、混频器和共用本振、视频电调延迟线、乘法器和集叠器等。

随机信号雷达的工作过程大致为：由噪声源产生特定的噪声波形，传送到线性功率放大器使波形获取足够的电磁能量，经发射天线发射到大气中；在探测范围内遇到目标后会被反射到各个方向，其中一部分被反射到雷达方向，被雷达的接收机接收，经信号处理后得到相应的速度和距离等数据。

根据随机信号雷达发射噪声波的不同以及接收信号检测方式的不同，噪声雷达从总体上大致分为三类：（1）相关法噪声雷达，将发射信号延迟一定时间形成的信号与回波信号相关得检测信号，其关键技术是宽频带延迟线和天线收发隔离技术。（2）频谱法噪声雷达。同样是发生微波噪声，在谱域中把接收信号和基准信号相加后再进行频谱分析，并且不需要延迟线。其技术关键是分辨频谱中混有的镜像型和干扰性假目标，对活动目标的检测以及天线收发隔离技术。（3）反相关法噪声雷达。其发射信号被一低频噪声调频，在混频器的输出是基准信号和回波信号的频差。其中反相关测距可减少近距离泄漏信号的影响，适用于近距离测量系统。

随机信号雷达可应用于自适应巡航控制、汽车防撞、飞机自动降落、船舶停靠、水雷探测、合成孔径和逆合成孔径雷达等。

4.7.6　雷达与网络技术的结合——泛探雷达

现代数字信号处理结合数字波束合成的相控阵雷达技术，能够在覆盖空间范围内提供连续和不间断的多功能，继而可以实现泛探（Ubiquitous）雷达。其中心思想是"随时探测各处"。泛探体制雷达也称为全向全时雷达或同时多波束雷达。

这项技术要求在窄波束连续接收信号的同时，发射波束同时照射着宽广的覆盖空间，在覆盖空间内或时间上没有间隙，以便在最早时间探测到所有目标并开始跟踪。与传统雷达相比，泛探雷达没有波束扫描过程，发射功率尽可能低，能量分布在宽广的时空频域上，同时采用分置的收发天线单元，利用数字波束合成技术同时接收多波束，针对每路波束的输出进行同样的信号处理过程。泛探雷达还可对各路波束的输出结果融合处理，以获取更多的目标信息。

泛探雷达兼具监视、跟踪和武器控制功能。

4.7.7　雷达与计算机技术的结合

早期的雷达设备中没有计算机，但是现代雷达设备中的计算机可谓形形色色，各种操作系统（Windows、Unix、Vxworks……）闪亮登场。例如：对于相控阵体制的雷达来说，天线部分都加装了计算机；在有些雷达系统中，各部分的计算机构成内部的小型局域网——连计算机网络技术也被雷达"顺手牵羊"了。

本章围绕雷达发展过程中产生的技术展开，主要分为两大部分：第一部分是介绍雷达自身是如何发展一些新技术的，可以概括为雷达的"修身"，主要包括雷达的脉冲积累、脉冲压缩、相控阵技术等；第二部分是讲解雷达如何兼收并蓄的，可以概括为雷达

的"齐家"，主要包括机载预警雷达、泛探雷达等。

图4.71 展示了本章内容的主要脉络。

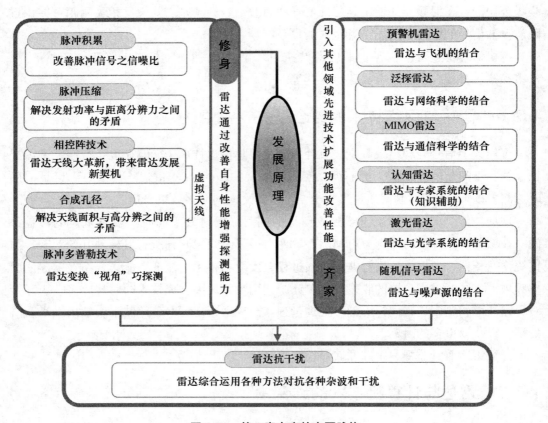

图 4.71　第 4 章内容的主要脉络

参考文献

[1] 毛钧杰. 微波技术与天线[M]. 北京:科学出版社,2006.

[2] 沙利文. 成像与先进雷达技术基础[M]. 微波成像技术国家重点实验室,译. 北京:电子工业出版社,2009.

[3] 中航工业雷达与电子设备研究院. 机载雷达手册[M]. 4 版. 北京:国防工业出版社,2013.

[4] 斯科尼克. 雷达手册[M]. 南京电子技术研究所,译. 3 版. 北京:电子工业出版社,2015.

[5] 张戈. 世界战争简史[M]. 北京:中国文史出版社,2014.

[6] 袁文先,涂俊峰,周德旺. 数字黑客:信息武器[M]. 北京:解放军出版社,2001.

[7] 阮拥军,孙兵. 定向神鞭:微波武器[M]. 北京:解放军出版社,2001.

[8] 薛翔,国力. 钢领斗士:智能武器[M]. 北京:解放军出版社,2001.

[9] 邵晓芳. 奇妙的电磁波[M]. 长沙:国防科技大学出版社,2018.

[10] 崔金泰,郭政. 冲破战争的迷雾:侦察与反侦察[M]. 长沙:国防科技大学出版社,2000.

[11] 郑新. 雷达发射机[M]. 北京:电子工业出版社,2006.

[12] 胡见堂,谭博文. 固态高频电路[M]. 长沙:国防科技大学出版社,1987.

[13] 弋稳. 雷达接收机[M]. 北京:电子工业出版社,2005.

[14] 张明友. 数字阵列雷达和软件化雷达[M]. 北京:电子工业出版社,2008.

[15] 帕尼菲. 知识是什么[M]. 李玮,译. 南宁:接力出版社,2010.

[16] 吴顺君,梅晓春. 雷达信号处理与数据处理技术[M]. 北京:电子工业出版社,2008.

[17] 帕普里斯,佩莱. 概率、随机变量与随机过程[M]. 保铮,冯大政,水鹏朗,译. 西安:西安交通大学出版社,2012.

[18] 何友,关键. 雷达目标检测与恒虚警处理[M]. 2 版. 北京:清华大学出版社,2011.

[19] 理查兹. 数字信号处理[M]. 邢孟道,王彤,李真芳,等译. 北京:电子工业出版社,2010.

[20] 斯托伊卡. 现代信号谱分析[M]. 吴仁彪,译. 北京:电子工业出版社,2007.

[21] 马哈夫扎,埃尔舍贝利. 雷达系统设计 MATLAB 仿真[M]. 朱国富,黄晓涛,黎向

阳,译.北京:电子工业出版社,2009.

[22] 张祖稷. 雷达天线技术[M]. 北京:电子工业出版社,2005.

[23] 张强. 天线罩理论与设计方法[M]. 北京:国防工业出版社,2016.

[24] 张德斌,周志鹏,朱兆麟. 雷达馈线技术[M]. 北京:电子工业出版社,2010.

[25] 巴顿. 雷达系统分析与建模[M]. 南京电子技术研究所,译. 北京:电子工业出版社,2012.

[26] 柯兰德,麦克唐纳. 合成孔径雷达:系统与信号处理[M]. 韩传钊,译. 北京:电子工业出版社,2014.

[27] 巴顿. 现代雷达的雷达方程[M]. 俞静一,译. 北京:电子工业出版社,2016.

[28] 张明友,汪学刚. 雷达系统[M]. 北京:电子工业出版社,2006.

[29] 斯科尼克. 雷达系统导论[M]. 北京:电子工业出版社,2007.

[30] 巴顿. 雷达系统分析与建模[M]. 南京电子技术研究所,译. 北京:电子工业出版社, 2012.

[31] 张景中. 古算诗题探源[M]. 2版. 北京:科学出版社,2011.

[32] 张景中. 中国古算解算[M]. 4版. 北京:科学出版社,2013.

[33] 王握文. 数学的威力[J]. 云南教育(视界综合版),2012(5):21–21.

[34] 张明友,汪学刚. 雷达系统[M]. 2版. 北京:电子工业出版社,2006.

[35] 斯廷森. 机载雷达导论[M]. 吴汉平,译. 2版. 北京:电子工业出版社,2005.

[36] 贲德,韦传安,林幼权. 机载雷达技术[M]. 北京:电子工业出版社,2006.

[37] 张发启,张斌,张喜斌. 盲信号处理及应用[M]. 西安:西安电子科技大学出版社,2006.

[38] 匡纲要. SAR图像自动目标识别研究[J]. 中国图形图像学报,2003,8(10):1115–1120.

[39] 丁建江. 防空雷达目标识别技术[M]. 北京:国防工业出版社,2008.

[40] 马勒. 多源多目标统计信息融合[M]. 范红旗,卢大威,蔡飞,译. 北京:国防工业出版社,2013.

[41] 阿拉巴斯特. 脉冲多普勒雷达:原理、技术与应用[M]. 张伟,译. 北京:电子工业出版社,2016.

[42] 庄钊文,王雪松,付强,等. 雷达目标识别[M]. 北京:高等教育出版社, 2015.

[43] 王福友,罗钉,刘宏伟. 基于极化不变量特征的雷达目标识别技术[J]. 雷达科学与技术, 2013(2):165–172.

[44] 黄培康,殷红成. 雷达目标特性[M]. 北京:电子工业出版社,2005.

[45] 张光义,赵玉洁. 相控阵雷达技术[M]. 北京:电子工业出版社,2013.

[46] 丁建江. 防空雷达目标识别技术[M]. 北京:国防工业出版社,2008.

[47] 格西. 认知雷达:知识辅助的全自适应方法[M]. 吴顺君,戴奉周,刘宏伟,译. 北

京:国防工业出版社,2013.

[48] 高飞舟,张雷.生活禅[M].银川:宁夏人民出版社,2008.

[49] 张明友.数字阵列雷达和软件化雷达[M].北京:电子工业出版社,2008.

[50] 韩振国.非线性调频信号产生和处理的工程实现方法[D].北京:北京理工大学,2001.

[51] 熊群力,陈润生,杨小牛,等.综合电子战:信息化战争的杀手锏[M].2版.北京:国防工业出版社,2008.

[52] 刘国岁,顾红,苏卫民.随机信号雷达[M].北京:国防工业出版社,2005.

[53] 奥利伟,奎根.合成孔径雷达图像理解[M].丁赤,译.北京:电子工业出版社,2009.

[54] 屈兵超,文若鹏.现代战场复杂电磁环境[M].沈阳:白山出版社,2010.

[55] 斯托伊卡.MIMO雷达信号处理[M].李建,译.北京:国防工业出版社,2013.

[56] 钟茂彬.浅谈噪声雷达原理及其实践应用[J].电子制作,2015(02):28-29.

[57] 高香梅,张鉴.调频连续波雷达及其在汽车防撞系统中的应用[J].信息技术,2012(5):106-108.

致　谢

　　首先感谢我的母亲，为了让我能健康充实地生活，做我感兴趣的事情，她一直为我操劳，付出了巨大的艰辛！感谢我的丈夫和儿女们，感谢他们对我的宽容、理解和支持！陪伴他们的成长，使得我也有很大的改变，也在成长！感谢我的哥哥姐姐，感谢他们对我的关心和爱护！

　　感谢我的导师孙即祥教授，感谢他在我毕业之后依旧不遗余力地帮助我钻研专业知识！感谢国防科技大学的朱建清教授，感谢他在讲解"微波与电磁场技术"课程中的辛勤付出，激发了我对这门课的兴趣！感谢网易公开课，让我得以学习许多知名大学的相关课程！尤其感谢麻省理工学院的沃尔特·略文教授，感谢他的"电与磁"课程带给我的启发和震撼！

　　感谢所有对本书的完成提供无私帮助的人，尤其感谢初晓军教授、彭志刚教授在本书写作过程中的答疑解惑！

　　感谢我的学生，是他们的信任、支持与互动，带给我很多的灵感，迄今为止，我还保留着他们写给我的课程总结和建议。

　　感谢我的业内同仁，感谢他们在我学习过程中给予我的批评、帮助……所有的一切，都促进了我的成长。

　　感谢国防科技大学出版社的张静老师、袁晓霞老师，感谢她们对本书创作思路的认可，尤其感谢袁晓霞老师为此书出版付出的辛勤工作，对我来说是莫大的鼓励！

　　本书写作过程中，参考了许多资料，在此向这些作者一并致谢！

邵晓芳
2021 年 5 月